配网不停电作业标准技能图册

（第一类作业）

国网宁夏电力有限公司中卫供电公司　编

图书在版编目（CIP）数据

配网不停电作业标准技能图册. 第一类作业 / 国网宁夏电力有限公司中卫供电公司编. —北京：中国电力出版社，2022.7
ISBN 978-7-5198-6555-9

Ⅰ. ①配… Ⅱ. ①国… Ⅲ. ①配电系统-带电作业 图集 Ⅳ. ①TM727-64

中国版本图书馆 CIP 数据核字（2022）第 035129 号

出版发行：中国电力出版社
地　　址：北京市东城区北京站西街 19 号（邮政编码 100005）
网　　址：http://www.cepp.sgcc.com.cn
责任编辑：雍志娟
责任校对：黄　蓓　马　宁
装帧设计：张俊霞
责任印制：石　雷

印　　刷：三河市万龙印装有限公司
版　　次：2022 年 7 月第一版
印　　次：2022 年 7 月北京第一次印刷
开　　本：710 毫米×1000 毫米　16 开本
印　　张：9.5
字　　数：101 千字
印　　数：0001—1000 册
定　　价：60.00 元

编　委　会

前言

随着我国经济的快速发展，人民的生活水平日益提高，用电需求和用电质量不断提升，配网不停电作业因其“零停电、零感知”的独特优势应运而生。近年来，《优化营商环境条例》的出台，代表着国家对持续优化营商环境、激发市场活力、提升人民群众生活幸福感的决心。为持续提升“获得电力”水平，国家电网公司大力发展配网不停电作业专业技能，并逐步探索，将专业化发展与市场化发展相互融合，不断扩大配网不停电作业在配电网领域的作用，解决了人民用电最后“一公里”的难题。

习近平总书记指出“安全生产事关人民福祉，事关经济社会发展大局”。然而，配网不停电作业的作业方式与常规停电作业方式不同，需要作业人员处于带电环境下开展工作，具有较高的危险性。纵观国内外，配网不停电作业也时有人身安全事故发生。因此，筑牢安全防线是配网不停电作业专业持续发展的基石。

2019 年，国网宁夏电力有限公司中卫供电公司（以下简称“国网中卫供电公司”）根据国家电网公司《10kV 配网不停电作业规范》制定了《标准化作业指导书》及《标准化作业规范》。2020 年，随着

“中心化”管理模式的建立以及市场化的应用，国网中卫供电公司作业规模不断攀升，中卫市户均停电时间压缩 53.47%，但人员作业不规范，违章等情况仍是目前亟待解决的问题。2021 年，为规范作业人员行为习惯、消除安全隐患，国网中卫供电公司结合现场工作实际，会同国网宁夏电力有限公司设备部完成了配网不停电作业标准技能图册系列丛书的编制。希望本丛书的出版和应用，能够进一步提升配网不停电作业的规范性和安全性，为建设世界领先的一流配电网奠定坚实基础。

本册为《配网不停电作业标准技能图册（第一类作业）》，共两章，分别为作业前准备和作业过程。第一章详细阐述了作业前准备的七个部分，第二章分为三节，分别对普通消缺及装拆附件、带电断引流线、带电接引流线等三个作业项目的操作步骤进行讲解。本书大量采用图片形式表现，并辅以文字说明，图文并茂地对配网不停电作业的关键点及步骤进行了详细描述。

由于编者学识、经验有限，文中难免存在不妥之处，恳请各位专家学者批评指正！

编者

2022 年 7 月

目录 CONTENTS

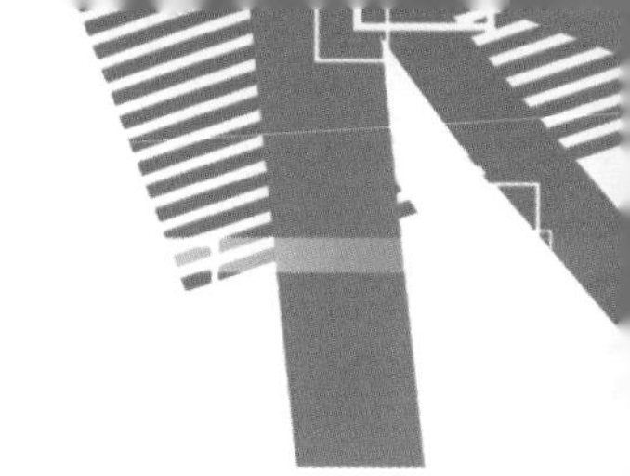

第一章 作业前准备

作业前准备是工作前的必要条件，直接决定了工作人员的人身安全以及电网设施的运行安全，能够降低作业风险，消除工作中的安全隐患，确保现场工作安全、有序开展。作业前准备主要包含现场勘察、工作票办理、工作前准备、工作票许可、班前会、工器具准备及检查、车辆准备[1]等环节。

第一节 现场勘察

现场勘察分为现场初勘及复勘，应由工作票签发人或工作负责人组织，工作负责人、设备运维管理单位（用户单位）和检修（施工）单位相关人员参加。对涉及多专业、多部门、多单位的作业项目，应由项目主管部门、单位组织相关人员共同参与。

[1] 本章节内车辆准备相关内容仅适用于开展绝缘斗臂车与绝缘杆相配合的作业方式。

一、现场初勘

现场初勘是对配网不停电作业是否具备作业条件的现场确认，包括作业方法选择、作业点现场检查、作业点周围环境勘察、危险点分析、作业点应采取的安全措施等五个方面的内容。

（1）作业方法选择。作业方法的选择应根据道路通行条件优先选择使用绝缘斗臂车的作业方法。勘察完成后，需将车辆通行情况及作业方法记录在现场勘察记录中。

① 路径符合绝缘斗臂车通行条件时。在作业前需根据作业车辆选择适宜的行车路径，满足绝缘斗臂车通行条件时，应优先选择使用绝缘斗臂车的作业方法。

行车路径的选择需考虑以下状况：

A. 车辆行驶路径应综合考虑车辆转弯半径、道路坡度、路面（桥梁）的承载能力，车辆通行的限高、限宽、限重应遵循车辆行驶证上的最大限度，以避免车辆发生碰撞或倾覆，保证车辆安全行驶；

B. 若无法确认绝缘斗臂车是否正常通行，可将绝缘斗臂车驾驶至现场参与勘察。

② 路径无法满足绝缘斗臂车通行条件时。作业单位应尽量创造车辆通行条件，当勘察结果确认绝缘斗臂车无法到达作业地点时，选择绝缘杆作业法。

（2）作业点现场检查。作业点现场检查主要包括电气接线形式的检查和作业方式的检查，检查结束后需将检查结果记录在现场勘察记录中。

① 检查电气接线形式。

A. 检查架空配电线路杆型。架空配电线路杆型主要分为直线杆型（包含耐张、终端两种类型）和转角杆型（包含耐张一种类型），见图 1–1 和图 1–2。

图 1–1　直线杆型（上层导线）

图 1–2　转角杆型

B. 电源及负荷情况。明确作业点的电源方向及供电情况，了解作业点后段负荷特性、停用情况，排除影响作业安全的危险点，必要时将负荷转为冷备状态。

C. 电气设备接线情况。检查时应先确认杆上有无控制设备，如跌落式熔断器、隔离刀闸、柱上开关等。结合电源（负荷）方向，确认作业点的接线方式和安全距离是否适合开展作业，见图 1–3。

图1-3 电气设备接线情况检查

② 确认作业方式。根据作业点的电气接线方式和安全距离，在确认采取绝缘手套、绝缘杆作业法或综合不停电作业法的基础上，确定具体的作业方式，如：旁路作业方式、临时转供方式或负荷停用方式等。

（3）作业点周围环境勘察。配网不停电作业危险系数大，故对作业点周边环境的要求也极为严格。在对作业点周围环境勘察完成后，需将勘察结果记录在现场勘察记录中。

在作业前进行环境勘察，主要包括以下四种情况：

① 地下环境。检查预定的车辆展放位置、电气接地位置的地下管线情况，确认车辆自重与接地电流不会对作业点及周边路面、设施、地下管线等造成破坏或其他不良影响，避免发生安全事故（事件）。

确认地面环境适宜后，方可进行车辆电气接地。

A. 车辆展放。应仔细勘察车辆展放位置下方是否存在地下管线、沟渠、井、窖等，以防路面发生塌陷，导致车辆倾覆造成人员伤亡。

B. 车辆接地。勘察时应探明地下线缆、管道的走径，在设置车辆接地体时避开其走径并满足与地下管线相对位置距离要求，防止接地体刺穿线缆，造成人员伤亡，导致相关设备损坏。

② 地上环境。地上环境主要包括作业范围内树木、路灯、绿化带、交通环境、通信线缆、临近线路、交叉跨越以及同杆架设的其他线路或设备等，作业时在车体旋转半径范围内应注意避让。

③ 杆身。杆身情况是决定作业人员能否登杆作业的必要条件。杆身及基础情况应满足《配电网运行规程》（Q/GDW 519—2010）要求，不满足时不得登杆作业，见图 1-4。

图 1-4　杆身不适宜登杆作业

④ 作业点地形。作业点地形重点勘察坡度和地质情况。

A. 坡度。作业时地面坡度最大不能大于 5°，一般应控制在 0°～3° 范围内。[1]

B. 地质。作业点地质一般分为软质地面与硬质地面。根据作业点地质软硬程度选择不同形式的作业车辆，在软质地面作业时宜选择履带式绝缘斗臂车，在硬质地面作业时宜选择轮式绝缘斗臂车。当地质较软时，需铺放石子或采取其他特殊

[1] 参考国内绝缘斗臂车各制造厂商给定的限值。

方式增加地面硬度，以满足车辆展放需要，见图 1–5 和图 1–6。

图1–5　履带式绝缘斗臂车

图1–6　轮式绝缘斗臂车

⑤ 车辆展放位置。根据作业点地形选择合适的车辆展放位置，尽量避免展放在有坍塌风险的位置上，以确保作业安全。若车辆展放位置处于桥梁，应考虑桥梁承重情况是否满足安全条件。预定的车辆展放位置应视交通情况设置路障及交通标识，必要时对道路采取封闭措施。

（4）危险点分析。

① 触电伤害，见图 1－7。造成触电伤害的因素如下：

A. 安全工器具未按规定检测及试验：

a. 每次工作前未使用绝缘测试仪对绝缘工器具进行检测；

b. 作业前未对承力工器具进行检测；

c. 未定期对安全工器具进行试验；

B. 作业时使用不合格的工器具。

C. 监护人未正确履行安全职责：

a. 监护人监护不到位或兼做其他工作；

b. 监护的范围超过一个作业点。

D. 作业顺序有误，未按照“从高到低、从上到下、由远及近”的顺序进行。

E. 人体串入电路。

F. 人体与带电体未保持最小安全距离（参考《电力安全工作规程》）。

G. 作业人员未按规定穿戴好专业防护用具。

H. 绝缘斗臂车未定期进行电气试验、未及时修复绝缘损伤部位。

I. 作业时绝缘臂的有效绝缘长度不足（10kV 时不足 1m，20kV 时不足 1.2m）。

J. 带电线路碰触绝缘斗臂车金属外壳。

K. 倒杆、断线。

图1-7　触电伤害

② 高空坠物，见图1-8。造成高空坠物的因素如下：

A. 上下传递工具、材料未使用绝缘绳，而采用抛掷的行为；

B. 工作人员站在作业点的垂直下方；

C. 作业现场有无关人员通过或逗留；

D. 工作完毕后未检查杆上有无遗留工具、材料等。

图1-8　高空坠物

③ 高处坠落，见图 1－9。造成高处坠落的因素如下：

A. 绝缘斗臂车在使用中倾覆，如绝缘斗臂车未支在坚实平坦的地面上、将支腿置于沟槽边缘、未使用专用支腿垫板；

B. 安全带未系在牢固的构件上或严重磨损发生断裂；

C. 作业过程中斗内人员将身体探出绝缘斗外，俯身作业；

D. 登高工具未进行定期试验、使用前的检测；

E. 倒杆、断线。

图1－9　高处坠落

④ 机械伤害。造成机械伤害的因素如下：

A. 工作人员未正确佩戴安全帽或使用未经试验检测合格的安全帽；

B. 倒杆、断线，见图 1－10；

C. 未正确使用硬质工器具或操作时幅度过大；

D. 操作绝缘斗臂车时，未有效避让障碍物及人员。

图1–10　倒杆、断线

⑤ 交通事故，见图 1–11。造成交通事故的因素如下：

A. 未有效设置交通疏导标识；

B. 不满足行人及车辆通行条件时，未封闭道路并派人看守；

C. 作业车辆驾驶员未按交通规则文明驾驶；

D. 绝缘臂回转操作中伸出安全围栏时，未采取限行、限高措施。

图1–11　交通事故

（5）作业点应采取的安全预控措施。根据现场勘察情况，针对作业危险点采取以下五种安全预控措施，但并不限定于以下内容：

① 触电伤害的预控措施。

A. 在作业前停用影响作业安全的负荷；

B. 停用线路重合闸；

C. 执行双重许可制度；

D. 作业过程中如线路突然停电，应立即采取措施撤离作业点并向值班调控人员汇报；

E. 按规定对安全工器具进行检测及试验，不使用不合格的安全工器具；

F. 作业点超过一个的应增设监护人，监护人应具有一定工作经验；

G. 作业应按照“从高到低、从上到下、由远及近”的顺序进行；

H. 作业人员应采取有效绝缘遮蔽措施，避免同时接触不同电位的物体；

I. 人体与带电体保持足够安全距离（参考《电力安全工作规程》）；

J. 作业人员按规定穿戴好专业防护用具；

K. 定期对绝缘斗臂车进行电气试验、及时修复绝缘损伤部位；

L. 作业时绝缘臂伸出足够的绝缘长度（10kV 时不小于 1m，20kV 时不小于 1.2m）；

M. 作业人员操作绝缘斗臂车时应注意带电体与绝缘斗臂车金属部分的相对距离并保持足够的安全距离；

N. 作业前应充分勘察杆身及基础条件，对存在倒杆、断线风险的应采取培土加固、外力牵引等稳固措施。

② 高空坠物的预控措施。

A. 上下传递工具、材料应使用绝缘绳索，禁止采用抛掷的行为；

B. 除有关人员外，作业点下方不得有其他人员通行或逗留（错误示范见图 1–12）；

图 1–12　无关人员在作业点下方逗留

C. 作业范围内设置工作围栏，禁止无关人员通过或逗留；

D. 工作完毕后检查杆上有无遗留工具、材料等。

③ 高处坠落的预控措施。

A. 绝缘斗臂车使用专用支腿垫板，支在坚实平坦的地面上，不将支腿置于沟槽边缘；

B. 作业过程中斗内人员始终保持身体重心在绝缘斗内，不俯身作业；

C. 定期对登高工具进行试验，使用前进行检测；

D. 作业前充分勘察杆身及基础条件，对存在倒杆、断线风险的应采取培土加固、外力牵引等稳固措施；

E. 登高前把安全带系在牢固的构件上，见图 1–13。

图 1–13　安全带正确挂接

④ 机械伤害的预控措施。

A. 工作人员应正确佩戴安全帽，安全帽需经试验检测合格后方可使用；

B. 对于硬质工器具要注意正确使用，避免操作时幅度过大；

C. 操作绝缘斗臂车时，应注意避让障碍物及人员；

D. 作业前充分勘察杆身及基础条件，对存在倒杆、断线风险的应采取培土加固、外力牵引等稳固措施，如使用吊车进行固定，见图 1–14。

图 1-14　吊车固定

⑤ 交通事故的预控措施。

A. 有效设置交通疏导标识，见图 1-15；

B. 在不满足行人及车辆通行条件的情况下，对道路进行封闭并派人看守；

C. 作业车辆驾驶员需遵守交通规则文明驾驶；

D. 绝缘臂回转操作中伸出安全围栏时，应采取限行、限高措施；

E. 在作业前进行临时交通管制，疏散人流车流，营造安全的作业环境，见图 1-16。

图1-15 “前方施工，减速慢行”标示牌

图1-16　交通管制

（6）初勘结论。完成初勘后，对以上作业方法选择、作业点现场检查、作业点周围环境勘察、危险点分析、作业点预控措施等五个方面进行判断、分析，给出结论。若初勘结论为符合作业条件，将勘察

内容作为作业指导书、工作票编制依据并在现场勘察记录中绘制现场平面图；若初勘结论不符合作业条件，应向需求单位反馈无法作业的原因及结果。

二、现场复勘

现场复勘是对作业条件的再次确认，应根据实际情况开展不少于一次的现场复勘，必要时需进行多次复勘。在工作当日或工作许可之前必须保证至少一次复勘，并检测气候情况是否满足作业条件。在复勘结束之后，将复勘结果填写至现场勘察记录中。

第二节　工 作 票 办 理

作业前，根据以上勘察内容办理“配电带电作业工作票”。工作票票面应根据《国家电网公司电力安全工作规程（配电部分）》《操作票、工作票管理规定（配电部分）》及其他相关管理规定填写。

本部分仅对“配电带电作业工作票”填写中的相关注意事项加以说明，如下：

（1）工作负责人在工作中有监护职责，当作业点不超过一个时可不设置专责监护人，复杂或高杆塔作业，必要时可增设专责监护人。

（2）计划工作时间应为检修计划批复的时间。若无法按计划时间完成工作，可重新填写“配电带电作业工作票”，在履行“双许可”（见“工作票许可”章节）手续后，进入事故抢修阶段继续完成工作。

（3）为确保作业人员安全，相关管理单位应制定相应的线路重合闸退出策略，明确相关技术措施并填至工作票中，见表1–1与图1–17。

表1–1 线路相关技术措施

线路名称或设备双重名称	是否需要停用重合闸	作业点负荷侧需要停电的线路、设备	应装设的安全遮栏（围栏）和悬挂的指示牌
××变10kV××线	是	无	在××变10kV××线001号杆柱上开关悬挂“禁止投入”标识牌

图1–17 “禁止投入”标识牌

（4）工作票签发人与工作负责人不得为同一人，但可为工作班成员。

（5）工作票签发应根据配网不停电作业市场化发展情况采取“双

签发”形式。

（6）当现场复勘时发现工作点较初勘时发生变化，在原有安全措施未发生改变且具备继续实施条件的，应及时将相关补充安全措施填入工作票内。

第三节 工 作 前 准 备

一、人员组织

简单作业时，一般为 4 人一组。当斗内电工具备复杂作业能力时，可单人单斗作业，即 3 人一组。复杂作业时应根据作业复杂程度确定相应人数，见表 1–2。

表 1–2　　　　简单作业人员分工建议表

人员分工	人数
工作负责人（兼工作监护人）	1 人
斗内（杆上）电工	2 人
地面电工	1 人

二、工器具领用

领用绝缘工器具、安全用具及辅助工器具时，应核对工器具的使用电压等级和试验周期，并检查外观完好无损。在运输过程中，应存放在专用工具袋、工具箱或工具车内，以防受潮或损伤。使用前，应对安全用具、绝缘工具进行检查，对绝缘工具应使用绝缘电阻测试仪进行分段绝缘检测。

三、车辆检查

车辆行驶前，司机对车辆进行检查，确认车辆符合行车要求后方可行驶。作业前，作业班组应对绝缘斗臂车进行一次空斗试验，确认绝缘臂、绝缘斗性能良好，符合作业条件。

四、其他工作前准备

除配网不停电作业班组外，其他工作前准备还应包含相关配合单位、班组、人员的协调工作。

第四节　工作票许可

当前配网不停电作业逐渐呈现市场化发展趋势，为确保作业安全应采取“双许可”方式许可“配电带电作业工作票”。“双许可”内容如下：

一、值班调控人员向设备运维人员许可

设备运维人员在完成相应安全措施（停用重合闸）后，向值班调控人员提出申请，值班调控人员确认可以作业时向设备运维人员发出许可工作的命令，一般采用电话许可方式。

二、设备运维人员向工作负责人许可

设备运维人员在收到值班调控人员的许可后，确认具备作业条件时，向工作负责人进行许可，一般采用当面许可方式。

第五节　班　前　会

一、着装及精神面貌检查

为保证作业安全，作业人员在作业时需正确穿戴全棉长袖工作服和绝缘防护用具，工作负责人需检查作业人员精神状态面貌是否良好，见图 1–18。

图1-18　正确着装示范

二、工作内容告知

工作负责人向工作班成员告知作业点双重名称、工作内容、工作范围、保留的带电范围、检修时间等信息。

三、作业分工

工作负责人对作业人员进行明确的分工，包括一号电工、二号电工和地面电工、专责监护人等，各自承担相应的工作职责。

四、危险点及预控措施告知

工作负责人还应向工作班成员告知危险点及预控措施，包括：是否停用重合闸；作业点负荷侧需要停电的线路、设备；应装设的安全遮拦（围栏）和悬挂的标示牌；相邻设备、线路的情况及预控措施（如临近线路带电情况）；其他危险点预控措施和注意事项。

常见危险点预控措施如下：

（1）斗内作业人员必须穿绝缘服、绝缘防护用具、系好安全带、戴好安全帽、佩戴护目镜；

（2）作业开始前应使用验电器进行验电，确认无漏电现象，斗内作业人员必须穿绝缘服、绝缘防护用具系好安全带、戴好安全帽；

（3）严格按照由近至远、由低到高、先带电体后接地体的顺序进行遮蔽，绝缘遮蔽范围应大于作业人员作业过程中的活动范围；

（4）在围栏外适当位置加设路锥及交通警示牌，作业现场设置防护围栏，禁止无关人员入内，设专人看护；

（5）斗臂车升降过程中注意避开带电体及障碍物；

（6）作业人员严禁同时进行两相作业，严禁人体同时接触两个不同的电位；

（7）作业人员禁止高空抛物；

（8）作业时相间安全距离不小于 0.6m，对地安全距离不小于 0.4m，不满足安全距离时对带电体、接地体进行绝缘遮蔽；

（9）带电作业时严禁摘下个人绝缘防护用具；

（10）工作时绝缘斗臂车的有效绝缘长度应不少于 1m；

（11）作业人员在接触带电导线前应得到工作负责人的同意；

（12）当斗臂车绝缘斗距有电线路 1～2m 或工作转移时，严禁使用快速挡；

（13）绝缘斗臂车在作业时，发动机不能熄火；

（14）上下传递工具、材料应使用绝缘绳、严禁抛、扔的行为；

（15）绝缘斗臂车接地棒埋深应不低于0.6m，接地应连接牢固可靠；

（16）在带电作业开始前，应对车辆进行检查，并做空斗试验操作一次，确认无误后方可开始工作；

（17）检查杆身有无裂纹，杆塔基础是否满足带电作业条件；

（18）如线路发生故障时，应立即停止工作，撤离到安全区域，待线路故障已消除或线路故障已隔离，方可恢复工作。

五、问答环节

为确保各工作班成员已知晓上述内容，在工作开始前，工作负责人应向工作班成员提问。工作班成员若对告知内容存疑，可向工作负责人发问，确有疏漏的，应及时补充进工作票中。

六、现场补充的安全措施告知

对于新增的危险点，工作负责人应及时补充相应预控措施，并告知工作班成员，如对新增负荷的停电处理、新增绝缘遮蔽设置等。

七、确认签名

工作班成员对工作内容、工作分工、危险点及预控措施等均已知晓，应在工作票中签名确认。

八、其他

如有其他与工作相关的事项需说明时应填写在备注栏内，例如重合闸退出时间等。

第六节　工器具准备及检查

一、工器具准备

将所携带的工器具按照分类摆放的原则，放置于防潮帆布上，见图 1–19。

图 1–19　工器具正确摆放示范图

二、工器具检查

（1）外观检查及擦拭。在作业前对工器具外观进行检查，确保工器具在合格试验周期[1]内，并无影响作业安全的缺陷。外观检查结束后擦拭工器具，防止水渍、泥垢等影响作业安全。

（2）电气检测试验。

① 试验仪器仪表的外观检查。为保证试验安全，在现场试验前需对试验仪器仪表的外观进行检查，确保试验仪器仪表合格。

② 绝缘工器具的绝缘电阻。使用绝缘电阻测试仪进行分段绝缘电阻检测，要求绝缘电阻表的电压不小于2500V。部分常用绝缘工器具检测试验标准如下，见图1–20。

A. 个人防护用具及绝缘工器具。个人防护用具及绝缘工器具的检测试验标准为绝缘电阻值大于700MΩ。

B. 旁路电缆及旁路引流线。旁路电缆及旁路引流线的检测试验标准为绝缘电阻值大于500MΩ。

③ 旁路系统的导通试验。使用万用表完成旁路系统的导通试验，见图1–21。

A. 旁路电缆及旁路开关。旁路电缆及旁路开关的检测试验标准为万用表蜂鸣器是否鸣响，蜂鸣器鸣响则表示旁路电缆及旁路开关导通、合格，见图1–22。

---

[1] 为确保作业安全，应定期对带电作业工器具进行电气试验和机械试验，相关试验周期为：

① 电气试验：预防性试验每年一次，检查性试验每年一次，两次试验间隔半年；

② 机械实验：绝缘手套、绝缘靴半年一次，其他绝缘工具每年一次；金属工具两年一次。

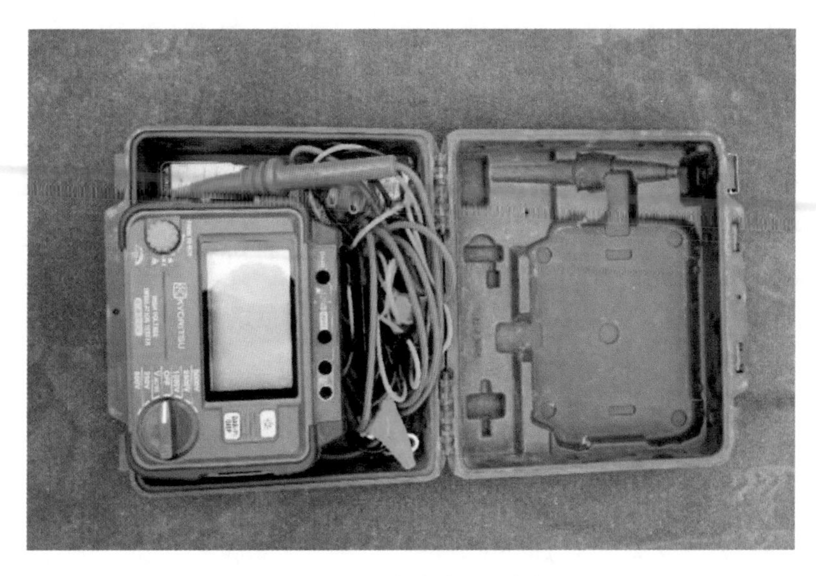

图 1-20　绝缘电阻测试仪

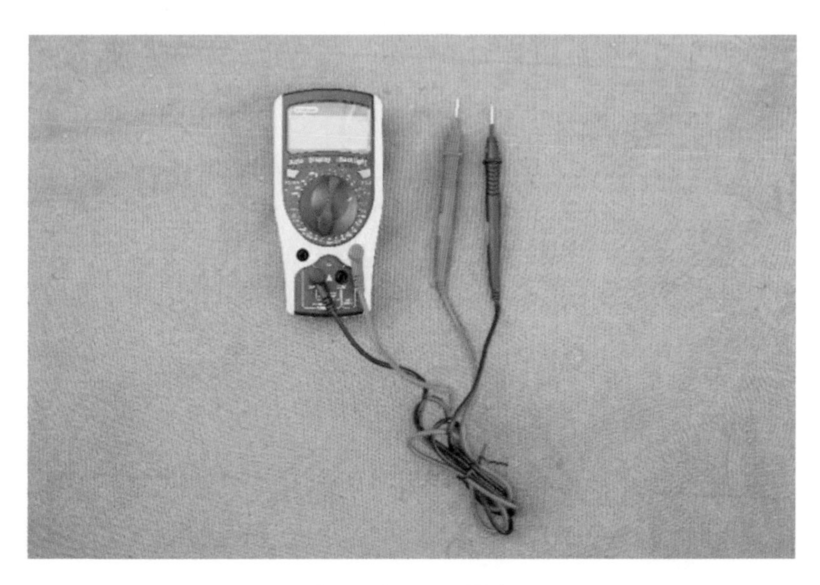

图 1-21　万用表

B. 消弧器。消弧器的检测试验标准为万用表蜂鸣器是否鸣响，蜂鸣器鸣响则表示消弧器导通、合格。

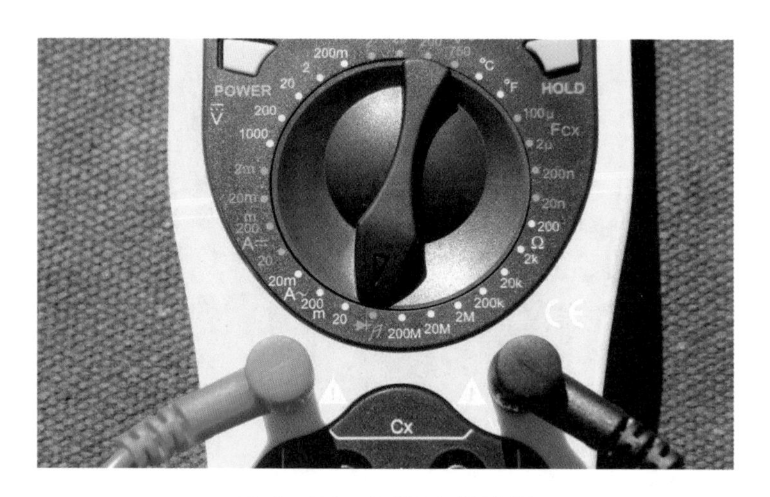

图1－22　万用表蜂鸣器

（3）常用承力工具的冲击试验。

① 脚扣。将脚扣扣在电杆距地面 20cm 左右部位，用脚踏上后系好脚扣带，向下猛力蹬踩，脚扣不变形、不开焊即为合格，见图 1－23。

图1－23　脚扣冲击试验

② 安全带及后备保护绳。工作人员正确穿戴安全带后，分别将围杆带及后备保护绳系于杆身或牢固构件上，用力向后拉拽，围杆带及后备保护绳未出现断裂、破损即为合格，见图 1－24。

图 1-24 安全带冲击试验

图 1-25　后备保护绳冲击试验

第七节　车　辆　准　备

车辆准备环节需注意以下几点：

一、底盘支撑

（1）水平度不大于 5°，一般为 0°～3°，见图 1-26。

图 1-26　底盘支撑水平度

（2）支腿应使用绝缘垫板或枕木，见图 1-27。

图 1-27　支腿使用绝缘垫板

二、车辆接地

（1）接地线应全部拉出，不得盘绕，见图 1–28。

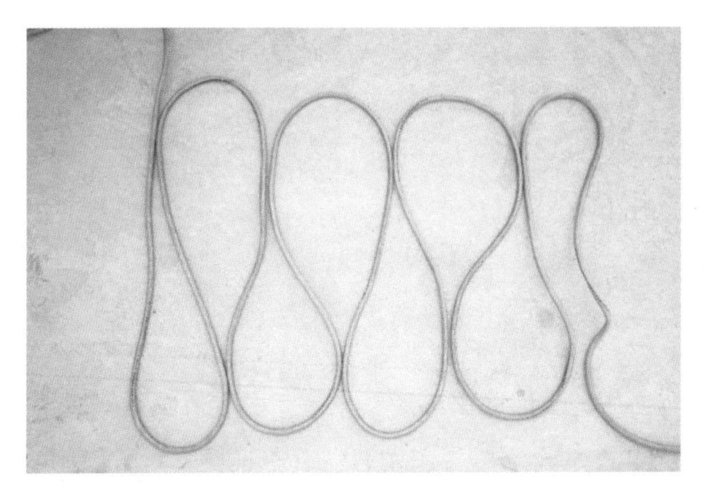

图 1–28　接地线全部拉出

（2）接地棒的接地深度不小于 60cm，见图 1–29。

图 1–29　接地棒接地深度

三、空斗试验

检查斗臂车上装的伸缩、升降、回转及液压传动是否正常，操作是否灵活，制动装置是否可靠。

工作人员进入斗内后，车辆应保持启动状态，燃油车型不得熄火，见图 1–30。

图 1–30　空斗试验

第二章

作业过程

第一节　普通消缺及装拆附件

一、适用范围

适用于修剪树枝、扶正绝缘子、清除异物、加装或拆除故障指示器、加装或拆除驱鸟器等。

二、作业基本信息

（1）人员组合。本项目需 4 人，具体分工见表 2–1。

表 2–1　　人 员 组 合

人员分工	人数
工作负责人（兼工作监护人）	1

续表

人员分工	人数
杆上电工	2
地面电工	1

（2）作业方法：绝缘杆作业法。

（3）主要工器具配备，见表 2-2。

表 2-2　　主要工器具配备

序号	工器具名称		参考图	规格、型号	数量	备注
1	绝缘防护用具	绝缘手套		10kV	2 双	带防护手套
2		绝缘安全帽		10kV	4 顶	
3		双重保护绝缘安全带		10kV	2 副	
4	绝缘遮蔽用具	导线遮蔽罩		10kV	若干	绝缘杆作业法用

续表

序号	工器具名称		参考图	规格、型号	数量	备注
5	绝缘工具	绝缘射枪杆		10kV	若干	
6		绝缘传递绳		Φ12mm	1根	15m
7		绝缘夹钳		10kV	2把	
8		绝缘套筒操作杆		10kV	1根	根据绝缘子螺母直径配置
9	其他	绝缘电阻测试仪		2500V及以上	1套	
10		验电器		10kV	1套	

三、作业过程

（1）操作过程。

① 普通消缺。

A. 修剪树枝。

a. 杆上电工登杆。

（a）工作负责人对杆上作业人员穿戴进行检查，见图 2-1。

图 2-1　穿戴检查

（b）工作负责人对杆上作业人员安全带挂接情况进行检查，登杆作业应正确使用安全带，见图 2-2。

图 2-2　安全带挂接检查

（c）地面电工配合将工器具转移至作业点。

a）利用绝缘绳上下传递工器具、材料，严禁抛掷，见图 2-3。

图 2-3　利用绝缘绳上下传递工器具、材料，严禁抛掷

b）工器具应放置在专用的工具袋（箱）内，见图 2-4。

图 2-4　工器具应放置在专用的工具袋（箱）内

c）传递过程中注意避免工器具与电杆磕碰，见图2–5。

图2–5　传递过程中注意避免工器具与电杆磕碰

b. 验电。

（a）验电注意事项。

a）通过验电器自检按钮检查确认良好，见图2–6；

图2–6　验电器自检

b）条件允许的情况下，在带电体的裸露部分验电确认验电器良好；

c）将伸缩式验电器全部拉出，确保有效绝缘长度不小于 0.7m，见图 2-7。

图 2-7　有效绝缘长度不小于 0.7m

（b）验电内容。

杆上电工调整至带电导线横担下侧适当位置，使用验电器按照“先下后上，先近后远，先带电体后接地体（导线→绝缘子→横担）”的顺序对带电体及接地体进行验电，确认有无漏电现象。

（c）将验电结果向工作负责人进行汇报。

若有漏电现象则及时报告工作负责人，终止工作；若无漏电现象则报告工作负责人，正常开展工作，见图 2-8。

图 2-8　汇报验电结果

c. 修剪树枝。

（a）杆上电工判断树枝离带电体的安全距离是否满足要求，无法满足时，则按照“从近到远、从下到上、先带电体后接地体”的原则，依次设置绝缘遮蔽。设置绝缘遮蔽应注意：

a）绝缘遮蔽组合重叠距离不得小于 15cm，见图 2-9；

图 2-9　重叠距离不小于 15cm

b）设置导线遮蔽时，防止导线大幅度晃动引起相间短路；

c）设置导线遮蔽时，注意人体与带电体、接地体安全距离，防止发生人身触电；

d）设置绝缘遮蔽时，杆上两名电工严禁同时作业；

e）作业线路下层有低压线路同杆并架时，如妨碍作业，应对作业范围内的相关低压线路采用绝缘遮蔽措施；

f）作业中，绝缘操作杆的有效绝缘长度应不小于 0.7m。

（b）杆上电工使用专用工具修剪树枝，树枝高出导线的，应用绝缘绳固定须修剪的树枝，或使之倒向远离线路的方向。作业时应注意：

a）待砍剪的树木下方和倒树范围内不得有人逗留；

b）砍剪树木时，应防止马蜂等昆虫或动物伤人。

（c）地面电工配合将修剪的树枝放至地面。

d. 拆除绝缘遮蔽。

按照“从远到近、从上到下、先接地体后带电体”的原则依次拆除绝缘遮蔽，作业人员返回地面。

e. 施工质量检查。

（a）工作负责人检查树木与带电线路的安全距离是否满足要求；

（b）工作负责人指挥杆上电工检查杆上是否有遗留物。

B. 扶正绝缘子。

a. 杆上电工登杆。

（a）工作负责人对杆上作业人员穿戴进行检查，见图 2-10；

图 2-10　穿戴检查

（b）工作负责人对杆上作业人员安全带挂接情况进行检查，登杆作业应正确使用安全带，见图 2-11；

图 2-11　安全带挂接检查

（c）地面电工配合将工器具转移至作业点。

a）利用绝缘绳上下传递工器具、材料，严禁抛掷，见图 2–12。

图 2–12　利用绝缘绳上下传递工器具、材料，严禁抛掷

b）工器具应放置在专用的工具袋（箱）内，见图 2–13。

图 2–13　工器具应放置在专用的工具袋（箱）内

c）传递过程中注意避免工器具与电杆磕碰，见图 2–14。

图 2–14　传递过程中注意避免工器具与电杆磕碰

b. 验电。

（a）验电注意事项。

a）通过验电器自检按钮检查确认良好，见图 2–15；

b）条件允许的情况下，在带电体的裸露部分验电确认验电器良好；

c）将伸缩式验电器全部拉出，确保有效绝缘长度不小于 0.7m，见图 2–16。

（b）验电内容。

杆上电工调整至带电导线横担下侧适当位置，使用验电器按照“先下后上，先近后远，先带电体后接地体（导线→绝缘子→横担）”的顺序对带电体及接地体进行验电，确认有无漏电现象，见图 2–17。

图 2–15　验电器自检

图 2–16　有效绝缘长度不小于 0.7m

图 2–17　验电

（c）将验电结果向工作负责人进行汇报。

若有漏电现象则及时报告工作负责人，终止工作；若无漏电现象则报告工作负责人，正常开展工作，见图 2–18。

c. 扶正绝缘子。

（a）杆上电工判断扶正绝缘子时的安全距离是否满足要求，对不能满足安全距离的带电体及接地体，按照“从近到远、从下到上、先带电体后接地体”的原则，依次设置绝缘遮蔽。设置绝缘遮蔽应注意：

a）绝缘遮蔽组合重叠距离不得小于 15cm，见图 2–19；

图 2-18　汇报验电结果

图 2-19　重叠距离不小于 15cm

b）设置导线遮蔽时，防止导线大幅度晃动引起相间短路，见图 2-20；

图 2－20　防止导线大幅晃动

c）设置导线遮蔽时，注意人体与带电体、接地体安全距离，防止发生人身触电，见图 2－21；

图 2－21　注意安全距离

d）设置绝缘遮蔽时，杆上两名电工严禁同时作业；

e）作业中，绝缘操作杆的有效绝缘长度应不小于 0.7m，见图 2-22。

图 2-22　有效绝缘长度不小于 0.7m

（b）作业人员使用绝缘套筒操作杆紧固绝缘子螺母（扶正绝缘子可按先易后难的原则进行），见图 2-23。

图 2-23　紧固绝缘子螺母

（c）作业完成后取下绝缘套筒操作杆，见图 2–24。

图 2–24　取下绝缘套筒操作杆

d. 拆除绝缘遮蔽。

按照“从远到近、从上到下、先接地体后带电体”的原则依次拆除绝缘遮蔽，作业人员返回地面，见图 2–25。

e. 施工质量检查。

（a）工作负责人检查施工质量是否满足运行要求；

（b）工作负责人指挥杆上电工检查杆上是否有遗留物。

C. 清除异物。

a. 杆上电工登杆。

（a）工作负责人对杆上作业人员穿戴进行检查，见图 2–26；

图 2-25　拆除绝缘遮蔽

图 2-26　穿戴检查

（b）工作负责人对杆上作业人员安全带挂接情况进行检查，登杆作业应正确使用安全带，见图 2-27；

图 2－27　安全带挂接检查

（c）地面电工配合将工器具转移至作业点。

a）利用绝缘绳上下传递工器具、材料，严禁抛掷，见图 2－28。

图 2－28　利用绝缘绳上下传递工器具、材料，严禁抛掷

b）工器具应放置在专用的工具袋（箱）内，见图 2－29。

图 2-29　工器具应放置在专用的工具袋（箱）内

c）传递过程中注意避免工器具与电杆磕碰，见图 2-30。

图 2-30　传递过程中注意避免工器具与电杆磕碰

b. 验电。

（a）验电注意事项。

a）通过验电器自检按钮检查确认良好，见图 2-31；

b）条件允许的情况下，在带电体的裸露部分验电确认验电器良好；

c）将伸缩式验电器全部拉出，确保有效绝缘长度不小于 0.7m，见图 2-32。

图 2-31 验电器自检

图 2-32 有效绝缘长度不小于 0.7m

（b）验电内容。

杆上电工调整至带电导线横担下侧适当位置，使用验电器按照“先下后上，先近后远，先带电体后接地体（导线→绝缘子→横担）”的顺序对带电体及接地体进行验电，确认有无漏电现象，见图2–33。

图2–33　验电

（c）将验电结果向工作负责人进行汇报。

若有漏电现象则及时报告工作负责人，终止工作；若无漏电现象则报告工作负责人，正常开展工作，见图2–34。

c. 清除异物。

（a）杆上电工判断拆除异物时的安全距离是否满足要求，无法满足时，按照“从近到远、从下到上、先带电体后接地体”的原则，依次设置绝缘遮蔽。设置绝缘遮蔽应注意：

a）绝缘遮蔽组合重叠距离不得小于15cm，见图2–35；

图 2-34　汇报验电结果

图 2-35　重叠距离不小于 15cm

b）设置导线遮蔽时，防止导线大幅度晃动引起相间短路，见图 2-36；

c）设置导线遮蔽时，注意人体与带电体、接地体安全距离，防止发生人身触电，见图 2-37；

d）设置绝缘遮蔽时，杆上两名电工严禁同时作业；

e）作业中，绝缘操作杆的有效绝缘长度应不小于 0.7m，见图 2-38。

图 2-36　防止导线大幅晃动

图 2-37　注意安全距离

图 2-38　有效绝缘长度不小于 0.7m

（b）杆上电工拆除异物时，应站在上风侧，须采取措施防止异物落下伤人，见图 2-39。

图 2-39　站于上风侧

（c）地面电工配合将异物放至地面，见图 2-40。

图 2-40　异物放至地面

d. 拆除绝缘遮蔽。

按照“从远到近、从上到下、先接地体后带电体”的原则依次拆除绝缘遮蔽，作业人员返回地面，见图 2-41。

图 2-41　拆除绝缘遮蔽

e. 施工质量检查。

工作负责人指挥杆上电工检查杆上是否有遗留物。

② 装拆附件。

A. 加装或拆除故障指示器。

a. 杆上电工登杆。

（a）工作负责人对杆上作业人员穿戴进行检查，见图 2-42；

图 2-42　穿戴检查

（b）工作负责人对杆上作业人员安全带挂接情况进行检查，登杆作业应正确使用安全带，见图 2-43；

（c）地面电工配合将工器具转移至作业点。

图 2-43　安全带挂接检查

a）利用绝缘绳上下传递工器具、材料，严禁抛掷，见图 2-44。

图 2-44　利用绝缘绳上下传递工器具、材料，严禁抛掷

b）工器具应放置在专用的工具袋（箱）内，见图 2–45。

图 2–45　工器具应放置在专用的工具袋（箱）内

c）传递过程中注意避免工器具与电杆磕碰，见图 2–46。

图 2–46　传递过程中注意避免工器具与电杆磕碰

b. 验电。

（a）验电注意事项。

a）通过验电器自检按钮检查确认良好，见图 2-47；

图 2-47　验电器自检

b）条件允许的情况下，在带电体的裸露部分验电确认验电器良好；

c）将伸缩式验电器全部拉出，确保有效绝缘长度不小于 0.7m，见图 2-48。

图 2-48　有效绝缘长度不小于 0.7m

（b）验电内容。

杆上电工调整至带电导线横担下侧适当位置，使用验电器按照“先下后上，先近后远，先带电体后接地体（导线→绝缘子→横担）”的顺序对带电体及接地体进行验电，确认有无漏电现象，见图 2-49。

（c）将验电结果向工作负责人进行汇报。

若有漏电现象则及时报告工作负责人，终止工作；若无漏电现象则报告工作负责人，正常开展工作，见图 2-50。

图 2-49　验电

图 2-50　汇报验电结果

c. 加装或拆除故障指示器。

（a）加装故障指示器。

a）杆上电工判断安装故障指示器时的安全距离是否满足要求，无法满足时，按照“从近到远、从下到上、先带电体后接地体”的原则，依次设置绝缘遮蔽。设置绝缘遮蔽应注意：

绝缘遮蔽组合重叠距离不得小于 15cm，见图 2–51；

图 2–51　重叠距离不小于 15cm

设置导线遮蔽时，防止导线大幅度晃动引起相间短路，见图 2–52；

设置导线遮蔽时，注意人体与带电体、接地体安全距离，防止发生人身触电，见图 2–53；

图 2-52　防止导线大幅晃动

图 2-53　注意安全距离

设置绝缘遮蔽时，杆上两名电工严禁同时作业；

作业中，绝缘操作杆的有效绝缘长度应不小于 0.7m，见图 2-54。

图 2-54　有效绝缘长度不小于 0.7m

b）作业人员使用安装好故障指示器的故障指示器安装工具，垂直于导线向上推动安装工具，将故障指示器安装到相应的导线上，见图 2-55。

图 2-55　安装故障指示器

c）故障指示器安装完毕后，撤下故障指示器安装工具，见图 2－56。

图 2－56　撤下故障指示器安装工具

d）其余两相按相同方法进行。

（b）拆除故障指示器。

a）杆上电工判断拆除故障指示器时的安全距离是否满足要求，无法满足时，按照“从近到远、从下到上、先带电体后接地体”的原则，依次设置绝缘遮蔽。设置绝缘遮蔽应注意：

绝缘遮蔽组合重叠距离不得小于 15cm，见图 2－57；

图 2-57　重叠距离不小于 15cm

设置导线遮蔽时，防止导线大幅度晃动引起相间短路，见图 2-58；

图 2-58　防止导线大幅晃动

设置导线遮蔽时，注意人体与带电体、接地体安全距离，防止发生人身触电，见图 2-59；

图 2-59　注意安全距离

设置绝缘遮蔽时，杆上两名电工严禁同时作业；

作业中，绝缘操作杆的有效绝缘长度应不小于 0.7m，见图 2-60。

图 2-60　有效绝缘长度不小于 0.7m

b）作业人员使用故障指示器安装工具，垂直于导线向上推动安装工具，将其锁定到故障指示器上，并确认锁定牢固，见图 2–61。

图 2–61 锁定故障指示器安装工具

c）垂直向下拉动安装工具，将故障指示器脱离导线，见图 2–62。

图 2–62 故障指示器脱离导线

d）其余两相按相同方法进行。

d. 拆除绝缘遮蔽。

按照“从远到近、从上到下、先接地体后带电体”的原则依次拆除绝缘遮蔽，作业人员返回地面，见图 2-63。

图 2-63　拆除绝缘遮蔽

e. 施工质量检查。

（a）工作负责人检查施工质量是否满足运行要求；

（b）工作负责人指挥杆上电工检查杆上是否有遗留物。

B. 加装或拆除驱鸟器。

a. 杆上电工登杆。

（a）工作负责人对杆上作业人员穿戴进行检查，见图 2-64；

图 2-64　穿戴检查

（b）工作负责人对杆上作业人员安全带挂接情况进行检查，登杆作业应正确使用安全带，见图 2-65。

图 2-65　安全带挂接检查

（c）地面电工配合将工器具转移至作业点。

a）利用绝缘绳上下传递工器具、材料，严禁抛掷，见图 2-66。

图 2-66　利用绝缘绳上下传递工器具、材料，严禁抛掷

b）工器具应放置在专用的工具袋（箱）内，见图 2-67。

图 2-67　工器具应放置在专用的工具袋（箱）内

c）传递过程中注意避免工器具与电杆磕碰，见图 2–68。

图 2–68　传递过程中注意避免工器具与电杆磕碰

b. 验电。

（a）验电注意事项。

a）通过验电器自检按钮检查确认良好，见图 2–69；

图 2–69　验电器自检

b）条件允许的情况下，在带电体的裸露部分验电确认验电器良好；

c）将伸缩式验电器全部拉出，确保有效绝缘长度不小于 0.7m，见图 2-70。

图 2-70　有效绝缘长度不小于 0.7m

（b）验电内容。

杆上电工调整至带电导线横担下侧适当位置，使用验电器按照“先下后上，先近后远，先带电体后接地体（导线→绝缘子→横担）”的顺序对带电体及接地体进行验电，确认有无漏电现象，见图 2-71。

（c）将验电结果向工作负责人进行汇报。

若有漏电现象则及时报告工作负责人，终止工作；若无漏电现象则报告工作负责人，正常开展工作，见图 2-72。

图 2-71　验电

图 2-72　汇报验电结果

c. 加装或拆除驱鸟器。

（a）加装驱鸟器。

a）杆上电工判断安装驱鸟器时的安全距离是否满足要求，无法满足时，按照“从近到远、从下到上、先带电体后接地体”的原则，依次设置绝缘遮蔽。设置绝缘遮蔽应注意：

绝缘遮蔽组合重叠距离不得小于 15cm，见图 2–73；

图 2–73　重叠距离不小于 15cm

设置导线遮蔽时，防止导线大幅度晃动引起相间短路，见图 2–74；

图 2–74　防止导线大幅晃动

设置导线遮蔽时，注意人体与带电体、接地体安全距离，防止发生人身触电，见图 2–75；

图 2–75　注意安全距离

设置绝缘遮蔽时，杆上两名电工严禁同时作业；

作业中，绝缘操作杆的有效绝缘长度应不小于 0.7m，见图 2–76。

图 2–76　有效绝缘长度不小于 0.7m

b）作业人员使用驱鸟器安装工具，将驱鸟器安装到横担的预定位置上，撤下安装工具，驱鸟器螺栓应预留横担厚度距离，见图 2–77。

图 2–77　安装驱鸟器

c）使用绝缘套筒操作杆旋紧驱鸟器两螺栓，见图 2–78。

图 2–78　旋紧驱鸟器两螺栓

d）按相同方法完成其余驱鸟器的安装。

（b）拆除驱鸟器。

a）杆上电工使用绝缘套筒操作杆旋松驱鸟器上的两个固定螺栓，见图 2-79。

图 2-79 旋松驱鸟器两螺栓

b）作业人员使用驱鸟器安装工具，锁定待拆除的驱鸟器，拆除驱鸟器，见图 2-80。

图 2-80 拆除驱鸟器

c）按相同方法完成其余驱鸟器的拆除工作。

d. 拆除绝缘遮蔽。

按照“从远到近、从上到下、先接地体后带电体”的原则依次拆除绝缘遮蔽，作业人员返回地面，见图 2–81。

图 2–81　拆除绝缘遮蔽

e. 施工质量检查。

（a）工作负责人检查施工质量是否满足运行要求；

（b）工作负责人指挥杆上电工检查杆上是否有遗留物。

（2）工作终结。

① 工作结束后工作负责人向工作许可人（停送电联系人）汇报工作结束，并办理工作票终结手续，停送电联系人向值班调控人员申请恢复线路重合闸，见图 2–82。

图 2-82　办理工作票终结手续

② 工作负责人组织作业人员清点工器具并清理施工现场，要求做到“工完、料尽、场地清”，见图 2-83。

图 2-83　清理施工现场

（3）召开班后会。

① 工作负责人对施工质量、安全措施落实情况、作业流程进行

现场点评，见图 2–84。

图 2–84　现场点评

② 工作负责人对作业人员的熟练程度、规范性进行点评。

（4）资料整理。

① 工作负责人将工作票执行、终结等信息录入 PMS 或其他管理系统，见图 2–85。

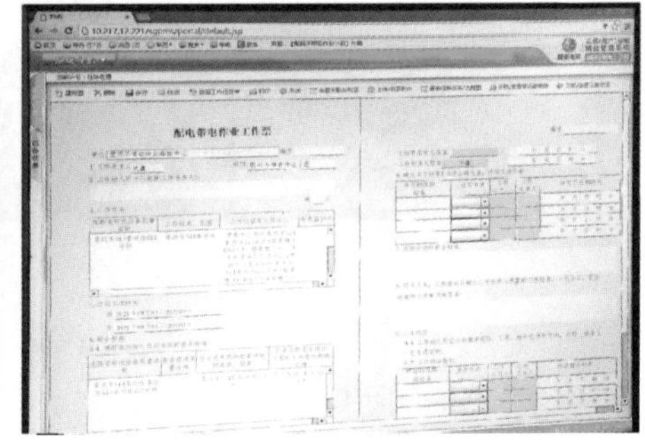

图 2–85　工作票录入

② 工作负责人将纸质资料进行归档保管，需归档资料如下：

A. 工作票，见图 2–86；

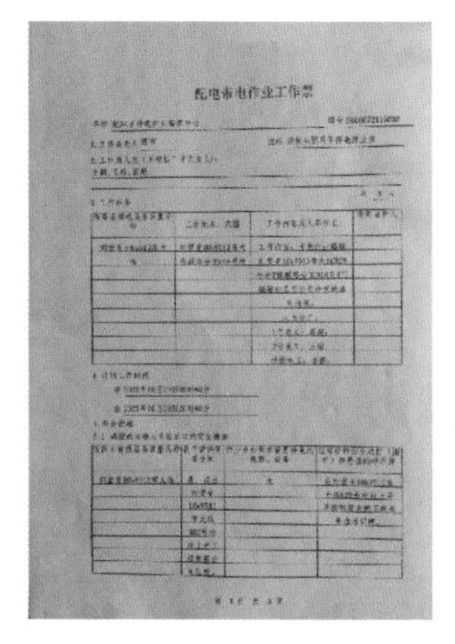

配电带电作业工作票

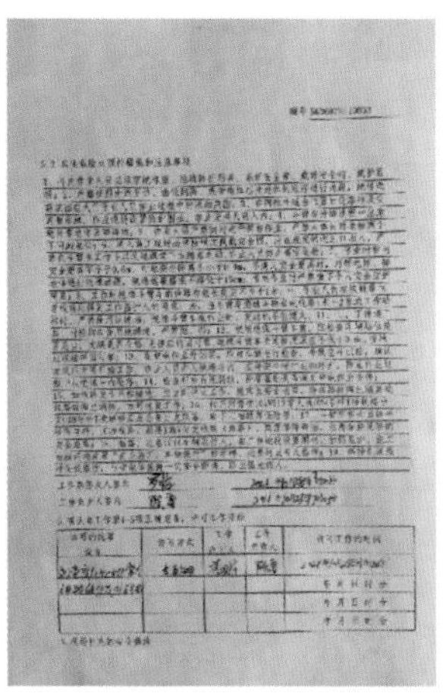

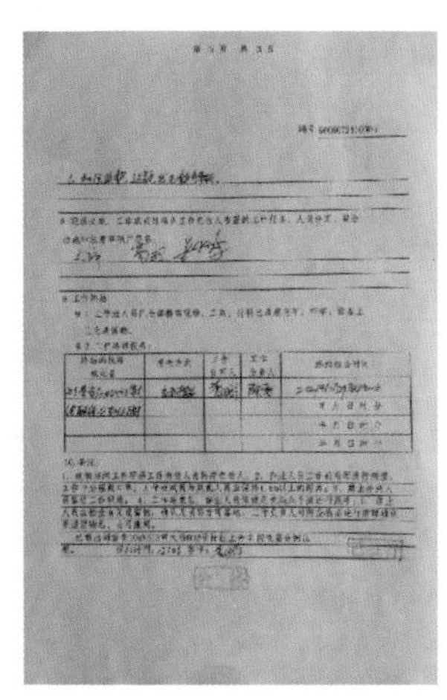

图 2–86　工作票

B. 现场勘察记录，见图 2–87；

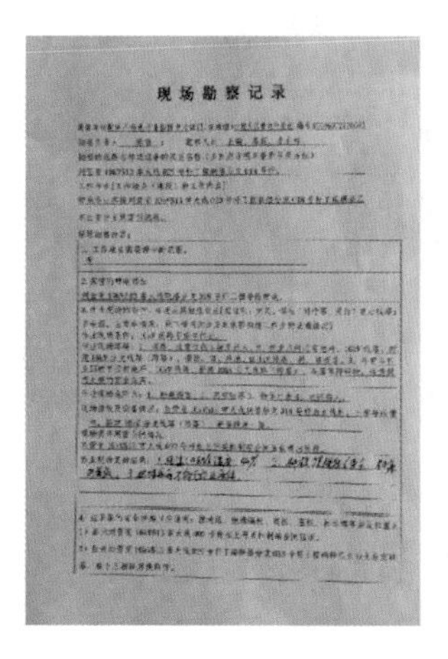

现场勘察记录

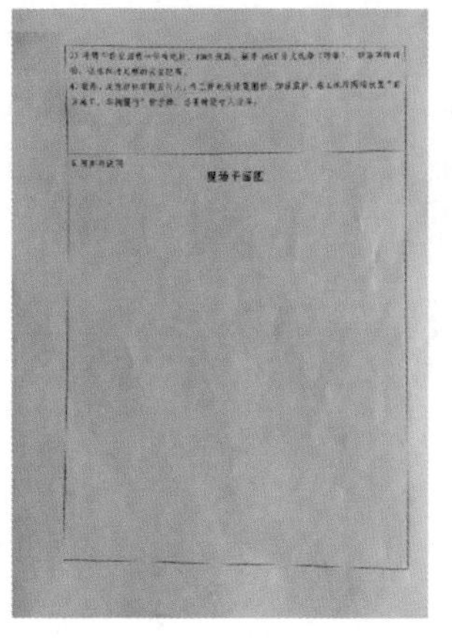

现场平面图

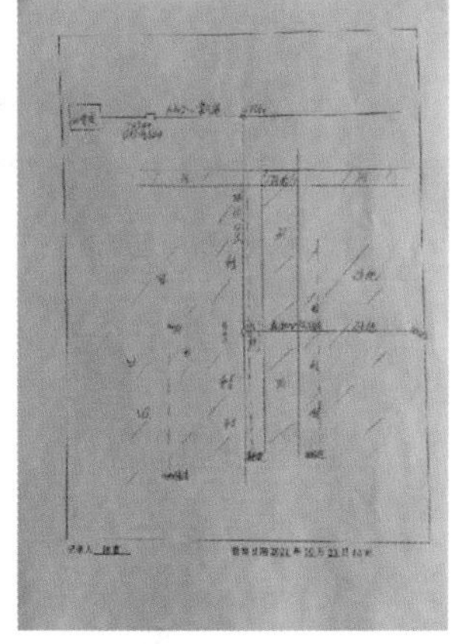

图 2–87　现场勘查记录

C. 作业指导书，见图 2–88。

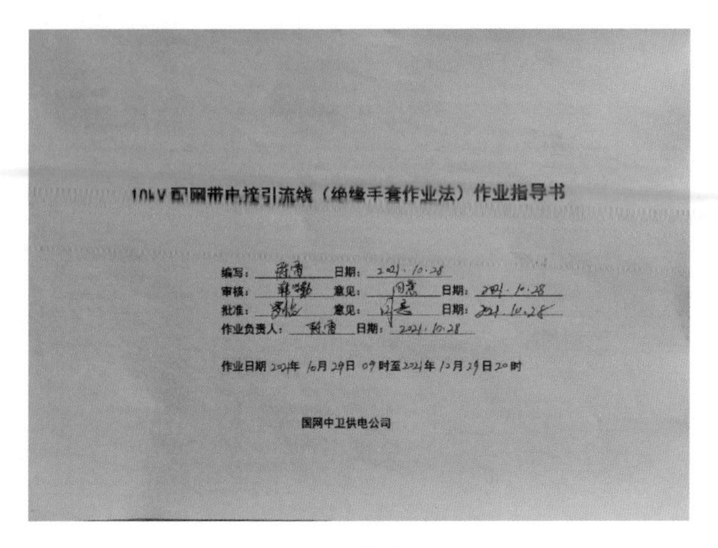

10kV配网带电接引流线（绝缘手套作业法）作业指导书

编写：[illegible] 日期：2021.10.28
审核：[illegible] 意见：同意 日期：2021.10.28
批准：[illegible] 意见：同意 日期：2021.10.28
作业负责人：[illegible] 日期：2021.10.28

作业日期 2021年 10月 29日 09 时至2021年 10月 29日 20 时

国网中卫供电公司

图 2-88　作业指导书

（5）工器具入库。作业结束后，作业人员需将工器具归还入库，并办理入库手续，见图 2-89。

图 2-89　工器具入库

第二节 带电断引流线

一、适用范围

适用于熔断器上引线、分支线路（含直线耐张）引线。

二、作业基本信息

（1）人员组合。本项目需4人，具体分工，见表2-3。

表2-3 人员组合

人员分工	人数
工作负责人（兼工作监护人）	1
杆上电工	2
地面电工	1

（2）作业方法：绝缘杆作业法。

（3）主要工器具配备，见表2-4。

表 2-4　　　　工 器 具 清 单

序号	工器具名称		参考图	规格、型号	数量	备注
1	绝缘防护用具	绝缘手套		10kV	2 双	戴防护手套
2		绝缘安全帽		10kV	4 顶	
3		双重保护绝缘安全带		10kV	2 副	
4	绝缘遮蔽用具	导线遮蔽罩		10kV	若干	绝缘杆作业法用
5	绝缘工具	绝缘传递绳		ϕ12mm	1 根	15m
6		绝缘锁杆		10kV	1 副	

续表

序号	工器具名称		参考图	规格、型号	数量	备注
7	绝缘工具	绝缘套筒扳手		10kV	1 副	
8		线夹安装工具		10kV	1 副	
9		绝缘射枪杆		10kV	1 副	设置绝缘遮蔽罩用
10		绝缘杆断线剪		10kV	1 把	
11	其他	绝缘电阻测试仪		2500V 及以上	1 套	
12		电流检测仪		高压	1 套	
13		验电器		10kV	1 套	

三、作业过程

（1）操作过程。

① 断熔断器上引线。

A. 杆上电工登杆。

a. 工作负责人检查熔断器熔管或熔丝是否已摘除并取下，见图 2-90。

图 2-90　摘除熔管熔丝

b. 工作负责人对杆上作业人员穿戴进行检查，见图 2-91。

c. 工作负责人对杆上作业人员安全带挂接情况进行检查，登杆作业应正确使用安全带，见图 2-92。

图 2-91　穿戴检查

图 2-92　安全带挂接检查

d. 地面电工配合将工器具转移至作业点。

a）利用绝缘绳上下传递工器具、材料，严禁抛掷，见图 2-93。

图 2-93　利用绝缘绳上下传递工器具、材料，严禁抛掷

b）利工器具应放置在专用的工具袋（箱）内，见图 2-94。

图 2-94　工器具应放置在专用的工具袋（箱）内

c）传递过程中注意避免工器具与电杆磕碰，见图 2-95。

图 2-95　传递过程中注意避免工器具与电杆磕碰

B. 验电。

a. 验电注意事项。

（a）通过验电器自检按钮检查确认良好，见图 2-96；

图 2-96　验电器自检

（b）条件允许的情况下，在带电体的裸露部分验电确认验电器良好；

（c）将伸缩式验电器全部拉出，确保有效绝缘长度不小于 0.7m，见图 2–97。

图 2–97　有效绝缘长度不小于 0.7m

b. 验电内容。

杆上电工调整至带电导线横担下侧适当位置，使用验电器按照“先下后上，先近后远，先带电体后接地体（导线→绝缘子→横担）”的顺序对带电体及接地体进行验电，确认有无漏电现象，见图 2–98。

c. 将验电结果向工作负责人进行汇报。

若有漏电现象则及时报告工作负责人，终止工作；若无漏电现象则报告工作负责人，正常开展工作，见图 2–99。

图 2-98　验电

图 2-99　汇报验电结果

C. 断熔断器上引线。

a. 杆上电工在地面电工的配合下，用绝缘操作杆按照“从近到远、从下到上、先带电体后接地体”的遮蔽原则，对不能满足安全距离的带电体和接地体进行绝缘遮蔽。设置绝缘遮蔽应注意：

（a）绝缘遮蔽组合重叠距离不得小于 15cm，见图 2-100；

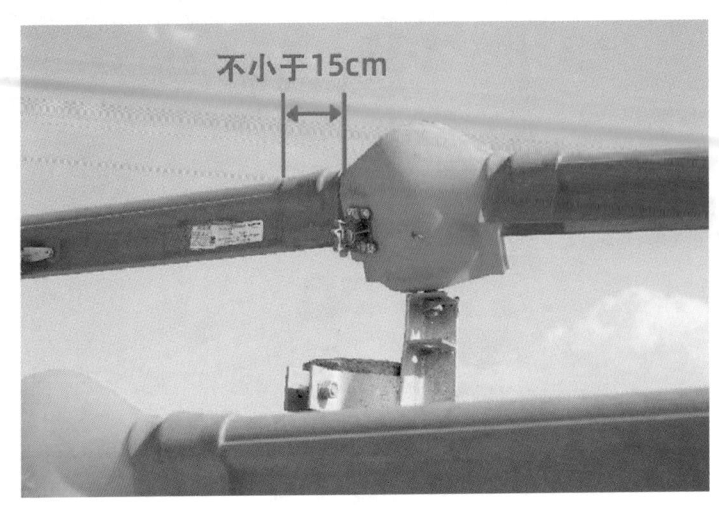

图 2-100　重叠距离不小于 15cm

（b）设置导线遮蔽时，防止导线大幅度晃动引起相间短路，见图 2-101；

图 2-101　防止导线大幅晃动

（c）设置导线遮蔽时，注意人体与带电体、接地体安全距离，防止发生人身触电，见图 2-102；

图 2-102　注意安全距离

（d）设置绝缘遮蔽时，杆上两名电工严禁同时作业；

（e）作业线路下层有低压线路同杆并架时，如妨碍作业，应对作业范围内的相关低压线路采用绝缘遮蔽措施；

（f）作业中，绝缘操作杆的有效绝缘长度应不小于 0.7m，见图 2-103。

图 2-103　有效绝缘长度不小于 0.7m

b. 杆上电工使用绝缘锁杆夹紧待断的上引线，并用线夹安装工具固定线夹，见图 2-104。

图 2-104　固定线夹

c. 杆上电工使用绝缘套筒扳手拧松线夹，见图 2-105。

图 2-105　拧松线夹

d. 杆上电工使用线夹安装工具使线夹脱离主导线，见图 2–106。

图 2–106　线夹脱离主导线

e. 杆上电工使用绝缘锁杆将上引线缓缓放下，用绝缘断线剪在熔断器上接线柱处剪断上引线（若能采取有效固定措施，上引线可做拆除处理），见图 2–107。

图 2–107　剪断上引线

f. 其余两相引线按相同的方法进行拆除，三相引线拆除的顺序按先两边相，再中间相的顺序进行。如上引线与主导线由于安装方式和锈蚀等原因不易拆除，可直接在主导线搭接位置处将引流线剪断，见图 2–108。

图 2–108　锈蚀情况下剪断引线

g. 断熔断器上引线时应注意：

（a）在作业时，要注意带电上引线与横担及邻相导线的安全距离，见图 2–109；

（b）在同杆架设线路上工作，与上层线路小于安全距离规定且无法采取安全措施时，不得进行该项工作。

D. 拆除绝缘遮蔽。按照“从远到近、从上到下、先接地体后带电体”的原则依次拆除绝缘遮蔽，作业人员返回地面，见图 2–110。

图 2-109　带电上引线与横担及邻相导线的距离

图 2-110　拆除绝缘遮蔽

E. 施工质量检查。

a. 工作负责人检查施工质量是否满足运行要求；

b. 工作负责人指挥杆上电工检查杆上是否有遗留物。

② 断分支线路（含直线耐张）引线。

A. 工作负责人确认待断引流线后段线路空载或负荷已转为冷备状态。

a. 杆上电工登杆。

（a）工作负责人对杆上作业人员穿戴进行检查，见图 2–111。

图 2–111　穿戴检查

（b）工作负责人对杆上作业人员安全带挂接情况进行检查，登杆作业应正确使用安全带，见图 2–112。

图 2-112　安全带挂接检查

（c）地面电工配合将工器具转移至作业点。

a）利用绝缘绳上下传递工器具、材料，严禁抛掷，见图 2-113。

图 2-113　利用绝缘绳上下传递工器具、材料，严禁抛掷

b）工器具应放置在专用的工具袋（箱）内，见图 2–114。

图 2–114　工器具应放置在专用的工具袋（箱）内

c）工器具应放置在专用的工具袋（箱）内，见图 2–115。

图 2–115　传递过程中注意避免工器具与电杆磕碰

B. 验电。

a. 验电注意事项。

（a）通过验电器自检按钮检查确认良好，见图 2–116；

图 2–116　验电器自检

（b）条件允许的情况下，在带电体的裸露部分验电确认验电器良好；

（c）将伸缩式验电器全部拉出，确保有效绝缘长度不小于 0.7m，见图 2–117。

b. 验电内容。

杆上电工调整至带电导线横担下侧适当位置，使用验电器按照“先下后上，先近后远，先带电体后接地体（导线→绝缘子→横担）”的顺序对带电体及接地体进行验电，确认有无漏电现象。

c. 将验电结果向工作负责人进行汇报。

若有漏电现象则及时报告工作负责人，终止工作；若无漏电现象则报告工作负责人，正常开展工作，见图2-118。

图2-117　有效绝缘长度不小于0.7m

图2-118　汇报验电结果

C. 断分支线路引线。

a. 用高压电流检测仪检测分支线路电流，确认空载或后段负荷转为冷备状态。

b. 杆上电工用绝缘操作杆按照“从近到远、从下到上、先带电体后接地体”的遮蔽原则，对不能满足安全距离的带电体和接地体进行绝缘遮蔽。设置绝缘遮蔽应注意：

（a）绝缘遮蔽组合重叠距离不得小于 15cm，见图 2-119；

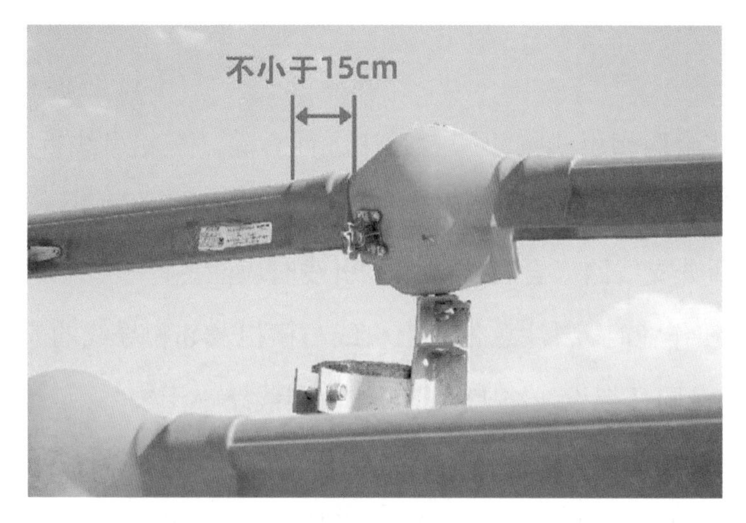

图 2-119　重叠距离不小于 15cm

（b）设置导线遮蔽时，防止导线大幅度晃动引起相间短路；

（c）设置导线遮蔽时，注意人体与带电体、接地体安全距离，防止发生人身触电；

（d）设置绝缘遮蔽时，杆上两名电工严禁同时作业；

（e）作业线路下层有低压线路同杆并架时，如妨碍作业，应对作业范围内的相关低压线路采用绝缘遮蔽措施；

（f）作业中，绝缘操作杆的有效绝缘长度应不小于 0.7m。

c. 杆上电工使用绝缘锁杆将待断线路引线固定。

d. 杆上电工使用绝缘杆断线剪按照“先电源侧后负荷侧”的顺序，分别将分支线路引线与主导线连接处的引线剪断。

e. 杆上电工使用绝缘锁杆将分支线路（含直线耐张）引线平稳地移离主导线。

f. 杆上电工使用绝缘杆断线剪在分支线路（含直线耐张）耐张线夹处将引线剪断并取下（若能采取有效固定措施，引线可不做剪断处理）。

g. 其余两相引线按相同的方法进行拆除，三相引线拆除的顺序按先两边相，再中间相的顺序进行。

h. 断分支线路（含直线耐张）引线时应注意：

（a）在作业时，要注意带电上引线与横担及邻相导线的安全距离；

（b）在同杆架设线路上工作，与上层线路小于安全距离规定且无法采取安全措施时，不得进行该项工作。

D. 拆除绝缘遮蔽。按照“从远到近、从上到下、先接地体后带电体”的原则依次拆除绝缘遮蔽，作业人员返回地面。

E. 施工质量检查。

a. 工作负责人检查施工质量是否满足运行要求；

b. 工作负责人指挥杆上电工检查杆上是否有遗留物。

（2）工作终结。

① 工作结束后工作负责人向工作许可人（停送电联系人）汇报工作结束，并办理工作票终结手续，停送电联系人向值班调控人员申请恢复线路重合闸，见图 2-120。

图 2-120 办理工作票终结手续

② 工作负责人组织作业人员清点工器具并清理施工现场，要求做到“工完、料尽、场地清”，见图 2-121。

图 2-121 清理施工现场

（3）召开班后会。

① 工作负责人对施工质量、安全措施落实情况、作业流程进行

现场点评。

② 工作负责人对作业人员的熟练程度、规范性进行点评，见图 2-122。

图 2-122　现场点评

（4）资料整理。

① 工作负责人将工作票执行、终结等信息录入 PMS 或其他管理系统，见图 2-123。

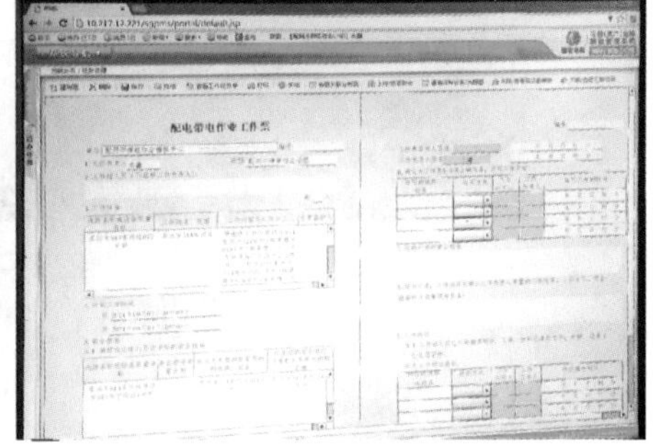

图 2-123　工作票录入

② 工作负责人将纸质资料进行归档保管，需归档资料如下：

A. 工作票，见图 2-124；

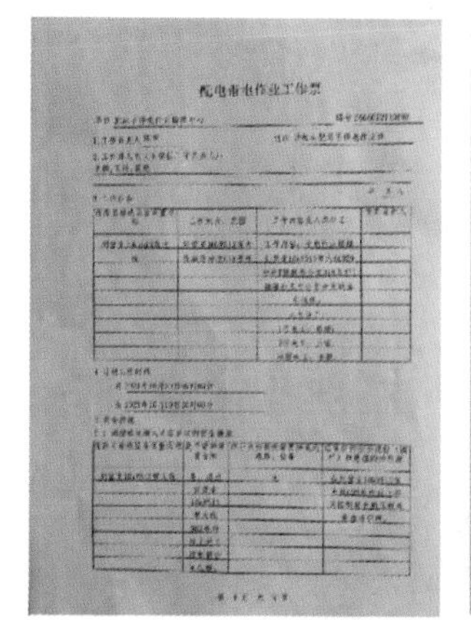

配电带电作业工作票

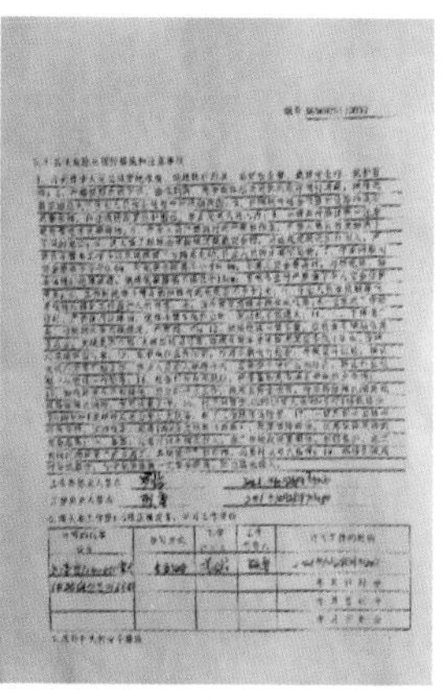

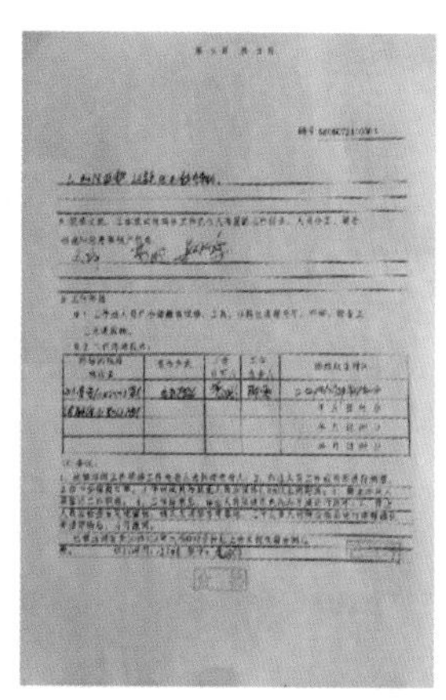

图 2-124 工作票

B. 现场勘察记录，见图 2-125；

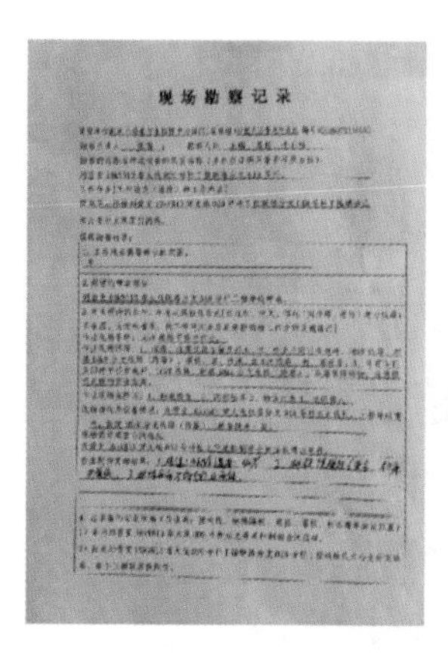

现场勘察记录

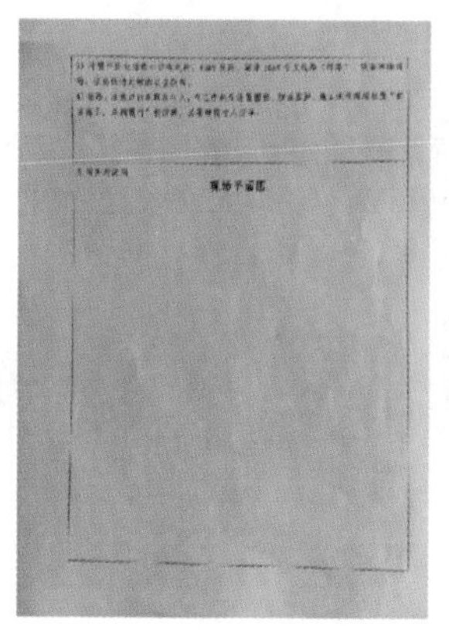

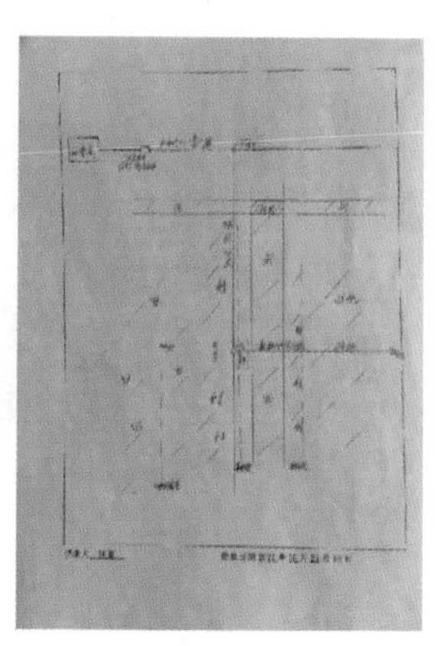

图 2-125 现场勘查记录

C. 作业指导书，见图 2-126。

（5）工器具入库。作业结束后，作业人员需将工器具归还入库，并办理入库手续，见图 2-127。

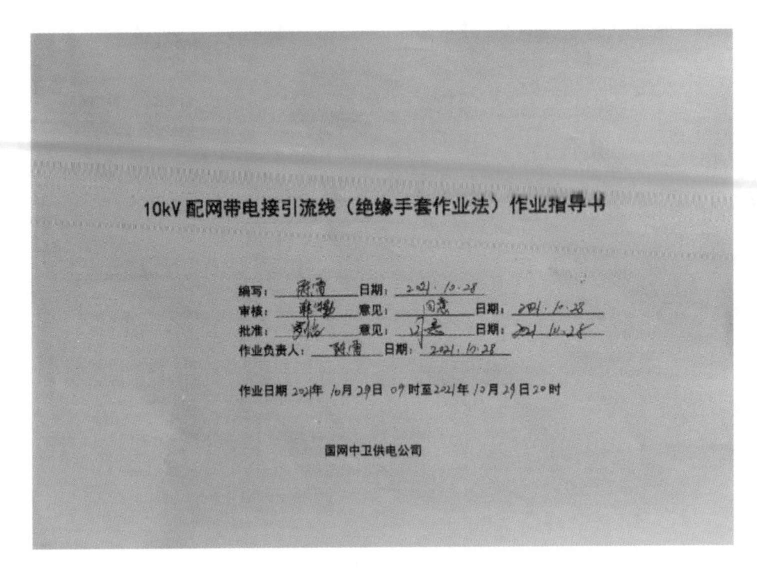

10kV 配网带电接引流线（绝缘手套作业法）作业指导书

编写：[illegible] 日期：2021.10.28

审核：[illegible] 意见：同意 日期：2021.10.28

批准：[illegible] 意见：同意 日期：2021.10.28

作业负责人：[illegible] 日期：2021.10.28

作业日期 2021年 10月 29日 09时至2021年 10月 29日 20时

国网中卫供电公司

图 2-126 作业指导书

图 2-127 工器具入库

第三节　带电接引流线

一、适用范围

适用于熔断器上引线、分支线路（含直线耐张）引线。

二、作业基本信息

（1）人员组合。本项目需4人，具体分工见表2-5。

表2-5　人员组合

人员分工	人数
工作负责人（兼工作监护人）	1人
杆上电工	2人
地面电工	1人

（2）作业方法：绝缘杆作业法。

（3）主要工器具配备见表2-6。

表 2-6　　　　工 器 具 配 置

序号	工器具名称		参考图	规格、型号	数量	备注
1	绝缘防护用具	绝缘手套	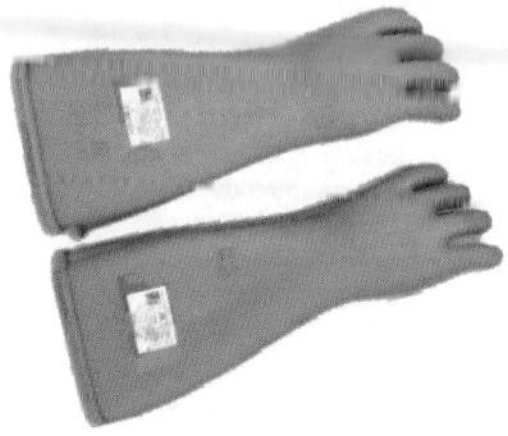	10kV	2 双	带防护手套
2		绝缘安全帽	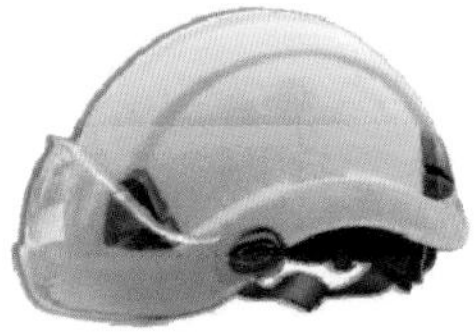	10kV	4 顶	
3		绝缘安全带	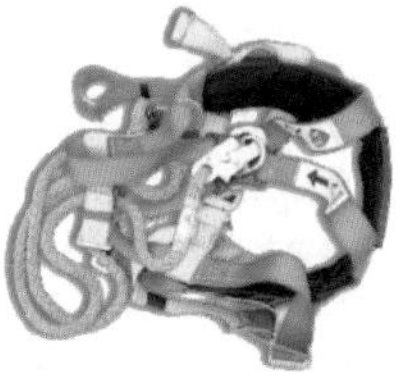	12mm	2 副	登杆应选用双重保护绝缘安全带
4	绝缘工具	绝缘套筒杆		10kV	1 副	
5		导线遮蔽罩		10kV	若干	绝缘杆作业法用
6		遮蔽罩操作杆		10kV	1 根	绝缘杆作业法用
7		J 型线夹安装工具	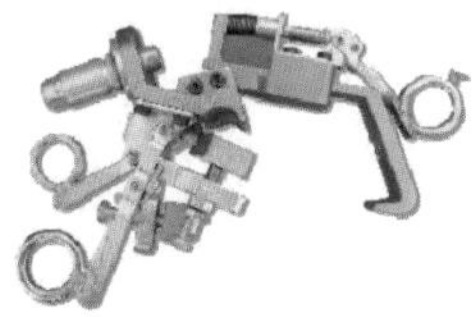	10kV	1 副	绝缘杆作业法用

续表

序号	工器具名称		参考图	规格、型号	数量	备注
8	绝缘工具	绝缘线径测量杆		10kV	1 根	绝缘杆作业法用
9		绝缘锁杆		10kV	3 副	可同时锁定 2 根导线
10		绝缘测量杆		10kV	1 副	
11		绝缘杆导线清扫刷		10kV	1 副	
12		绝缘导线剥皮器		10kV	1 套	绝缘杆作业法用
13		绝缘传递绳		Φ12mm	1 根	15m
14	其他	绝缘电阻测试仪		2500V 及以上	1 套	
15		验电器		10kV	1 套	

三、作业过程

（1）操作过程。

① 接熔断器上引线。

A. 杆上电工登杆。

a. 工作负责人检查熔断器熔管或熔丝是否已摘除并取下，见图 2–128。

图 2–128　摘除熔管熔丝

b. 工作负责人对杆上作业人员穿戴进行检查，见图 2–129。

c. 工作负责人对杆上作业人员安全带挂接情况进行检查，登杆作业应正确使用安全带，见图 2–130。

图 2-129　穿戴检查

图 2-130　安全带挂接检查

d. 地面电工配合将工器具转移至作业点。

a）利用绝缘绳上下传递工器具、材料，严禁抛掷，见图 2-131。

图 2-131　利用绝缘绳上下传递工器具、材料，严禁抛掷

b）工器具应放置在专用的工具袋（箱）内，见图 2-132。

图 2-132　工器具应放置在专用的工具袋（箱）内

c）传递过程中注意避免工器具与电杆磕碰，见图 2-133。

图 2-133　传递过程中注意避免工器具与电杆磕碰

B. 验电。

a. 验电注意事项。

（a）通过验电器自检按钮检查确认良好，见图 2-134；

图 2-134　验电器自检

（b）条件允许的情况下，在带电体的裸露部分验电确认验电器良好；

（c）将伸缩式验电器全部拉出，确保有效绝缘长度不小于 0.7m，见图 2-135。

图 2-135 有效绝缘长度不小于 0.7m

b. 验电内容。

杆上电工调整至带电导线横担下侧适当位置，使用验电器按照“先下后上，先近后远，先带电体后接地体（导线→绝缘子→横担）”的顺序对带电体及接地体进行验电，确认有无漏电现象，见图 2-136。

c. 将验电结果向工作负责人进行汇报。

若有漏电现象则及时报告工作负责人，终止工作；若无漏电现象则报告工作负责人，正常开展工作，见图 2-137。

图 2-136　验电

图 2-137　汇报验电结果

C. 接熔断器上引线。

a. 杆上电工使用绝缘测量杆测量三相上引线长度，由地面电工做好上引线，并在引流线端头部分剥除三相待接引流线的绝缘外皮，见图 2-138。

图 2-138　测量三相上引线

b. 杆上电工在地面电工的配合下，用绝缘操作杆按照“从近到远、从下到上、先带电体后接地体”的遮蔽原则，对不能满足安全距离的带电体和接地体进行绝缘遮蔽。设置绝缘遮蔽应注意：

（a）绝缘遮蔽组合重叠距离不得小于 15cm，见图 2-139；

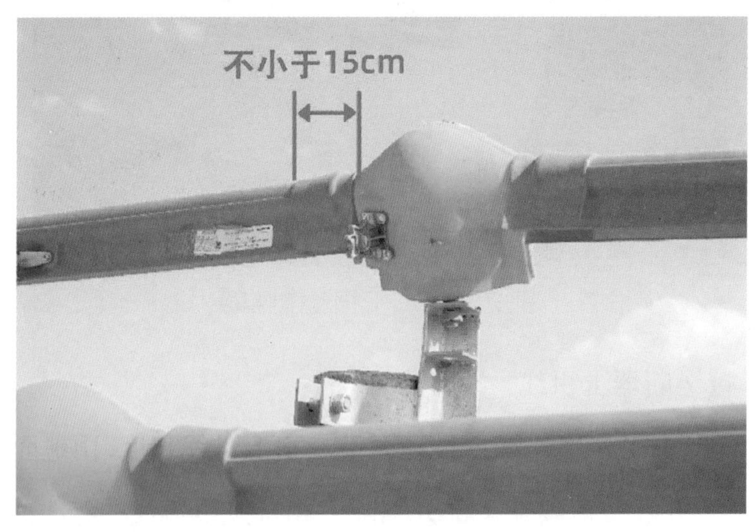

图 2-139　重叠距离不小于 15cm

（b）设置导线遮蔽时，防止导线大幅度晃动引起相间短路，见图 2–140；

图 2–140　防止导线大幅晃动

（c）设置导线遮蔽时，注意人体与带电体、接地体安全距离，防止发生人身触电，见图 2–141；

图 2–141　注意安全距离

（d）设置绝缘遮蔽时，杆上两名电工严禁同时作业；

（e）作业线路下层有低压线路同杆并架时，如妨碍作业，应对作业范围内的相关低压线路采用绝缘遮蔽措施；

（f）作业中，绝缘操作杆的有效绝缘长度应不小于 0.7m，见图 2–142。

图 2–142　有效绝缘长度不小于 0.7m

c. 杆上电工检查三相熔断器安装应符合验收规范要求，见图 2–143。

d. 杆上电工使用绝缘杆式导线剥皮器依次剥除三相主导线搭接位置处的绝缘层，见图 2–144。

e. 杆上电工先用导线清扫刷对三相导线的搭接处进行清除氧化层工作，见图 2–145。

图 2-143 检查三相熔断器安装

图 2-144 剥除绝缘层

f. 杆上电工将三根上引线一端安装在熔断器上接线柱，并妥善固定，见图 2-146。

图 2-145　清除氧化

图 2-146　安装固定上引线

g. 杆上电工用绝缘锁杆锁住上引线另一端后提升上引线，将其固定在距离横担 0.6～0.7m 的牢固绝缘构件上（绝缘构件的有效绝缘长度应大于 0.7m）。

h. 杆上电工使用线夹安装工具安装线夹及引线，见图 2-147 和图 2-148。

图 2-147 固定并提升上引线

图 2-148 安装线夹及引线

i. 杆上电工使用绝缘杆套筒扳手将线夹螺栓拧紧，使引线与导线可靠连接，然后撤除绝缘锁杆，见图 2-149。

图 2-149　引线与导线可靠连接

j. 其余两相熔断器上引线按相同的方法进行连接，三相熔断器引线连接可按先中间、后两侧的顺序进行。

k. 接熔断器上引线时应注意：

（a）在作业时，要注意带电上引线与横担及邻相导线的安全距离，见图 2-150；

（b）在同杆架设线路上工作，与上层线路小于安全距离规定且无法采取安全措施时，不得进行该项工作。

D. 拆除绝缘遮蔽。按照“从远到近、从上到下、先接地体后带电体”的原则依次拆除绝缘遮蔽，作业人员返回地面，见图 2-151。

E. 施工质量检查。

a. 工作负责人检查施工质量是否满足运行要求；

b. 工作负责人指挥杆上电工检查杆上是否有遗留物。

图 2-150　带电上引线与横担及邻相导线的安全距离

图 2-151　拆除绝缘遮蔽

② 接分支线路（含直线耐张）引线。

A. 杆上电工登杆。

a. 工作负责人对杆上作业人员穿戴进行检查，见图 2-152。

图 2-152　穿戴检查

b. 工作负责人对杆上作业人员安全带挂接情况进行检查，登杆作业应正确使用安全带，见图 2-153。

图 2-153　安全带挂接检查

c. 地面电工配合将工器具转移至作业点。

a）利用绝缘绳上下传递工器具、材料，严禁抛掷，见图 2–154。

图 2–154　利用绝缘绳上下传递工器具、材料，严禁抛掷

b）利用绝缘绳上下传递工器具、材料，严禁抛掷，见图 2–155。

图 2–155　工器具应放置在专用的工具袋（箱）内

c）利用绝缘绳上下传递工器具、材料，严禁抛掷，见图 2–156。

图 2–156　传递过程中注意避免工器具与电杆磕碰

B. 验电。

a. 验电注意事项。

（a）通过验电器自检按钮检查确认良好，见图 2–157；

图 2–157　验电器自检

（b）条件允许的情况下，在带电体的裸露部分验电确认验电器良好；

（c）将伸缩式验电器全部拉出，确保有效绝缘长度不小于 0.7m，见图 2–158。

图 2–158　有效绝缘长度不小于 0.7m

b. 验电内容。

杆上电工调整至带电导线横担下侧适当位置，使用验电器按照“先下后上，先近后远，先带电体后接地体（导线→绝缘子→横担）”的顺序对带电体及接地体进行验电，确认有无漏电现象。

c. 将验电结果向工作负责人进行汇报。

若有漏电现象则及时报告工作负责人，终止工作；若无漏电现象则报告工作负责人，正常开展工作，见图 2–159。

图 2-159　汇报验电结果

C. 接分支线路引线。

a. 杆上电工在地面电工配合下将绝缘操作杆和绝缘遮蔽用具分别传至杆上，杆上电工利用绝缘操作杆按照“从近到远、从下到上、先带电体后接地体”的遮蔽原则，对作业范围内不能满足安全距离的近边相带电体和接地体进行绝缘遮蔽。其余两相绝缘遮蔽按相同方法进行。设置绝缘遮蔽应注意：

（a）绝缘遮蔽组合重叠距离不得小于 15cm，见图 2-160；

（b）设置导线遮蔽时，防止导线大幅度晃动引起相间短路；

（c）设置导线遮蔽时，注意人体与带电体、接地体安全距离，防止发生人身触电；

（d）设置绝缘遮蔽时，杆上两名电工严禁同时作业；

（e）作业线路下层有低压线路同杆并架时，如妨碍作业，应对作业范围内的相关低压线路采用绝缘遮蔽措施；

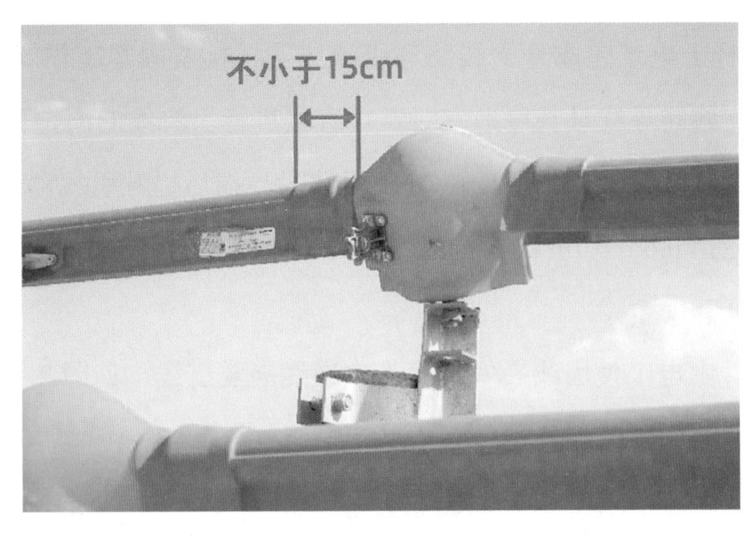

图 2-160　重叠距离不小于 15cm

（f）作业中，绝缘操作杆的有效绝缘长度应不小于 0.7m。

b. 杆上电工使用绝缘测量杆测量三相上引线长度。如待接引流线为绝缘线，应在引流线端头部分剥除三相待接引流线的绝缘外皮。

c. 杆上电工使用绝缘杆式剥皮器将分支线路与主导线搭接位置处的绝缘层依次剥除并清除导线氧化层，见图 2-161。

图 2-161　剥除绝缘层

d. 杆上电工完成分支线路与引流线的搭接及固定工作（若引流线为分支线路导线且长度适宜时，可直接进行引流线的固定工作）。

e. 杆上电工用绝缘锁杆锁住上引线另一端后提升引线，将其固定在距离横担0.6～0.7m的牢固绝缘构件上（绝缘构件的有效绝缘长度应大于0.7m）。

f. 杆上电工使用线夹安装工具安装线夹及引线，见图2－162。

图2－162　安装线夹及引线

g. 杆上电工使用绝缘套筒操作杆将线夹螺栓拧紧，使引线与导线可靠连接，然后撤除绝缘锁杆，见图2－163。

h. 其余两相引线按相同的方法进行连接，三相引线连接，可按由“复杂到简单、先难后易”的原则进行，先中间相、后两边相。

i. 接分支线路（含直线耐张）引线时应注意：

(a)在作业时，要注意带电上引线与横担及邻相导线的安全距离；

图 2–163　引线与导线可靠连接

（b）在同杆架设线路上工作，与上层线路小于安全距离规定且无法采取安全措施时，不得进行该项工作。

D. 拆除绝缘遮蔽。按照“从远到近、从上到下、先接地体后带电体”的原则依次拆除绝缘遮蔽，作业人员返回地面。

E. 施工质量检查。

a. 工作负责人检查施工质量是否满足运行要求；

b. 工作负责人指挥杆上电工检查杆上是否有遗留物。

（2）工作终结。

① 工作结束后工作负责人向工作许可人（停送电联系人）汇报工作结束，并办理工作票终结手续，停送电联系人向值班调控人员申请恢复线路重合闸，见图 2–164。

图 2–164　办理工作票终结手续

② 工作负责人组织作业人员清点工器具并清理施工现场，要求做到“工完、料尽、场地清”，见图 2–165。

图 2–165　清理施工现场

（3）召开班后会。

① 工作负责人对施工质量、安全措施落实情况、作业流程进行

现场点评。

② 工作负责人对作业人员的熟练程度、规范性进行点评，见图 2–166。

图 2–166　现场点评

（4）资料整理。

① 工作负责人将工作票执行、终结等信息录入 PMS 或其他管理系统，见图 2–167。

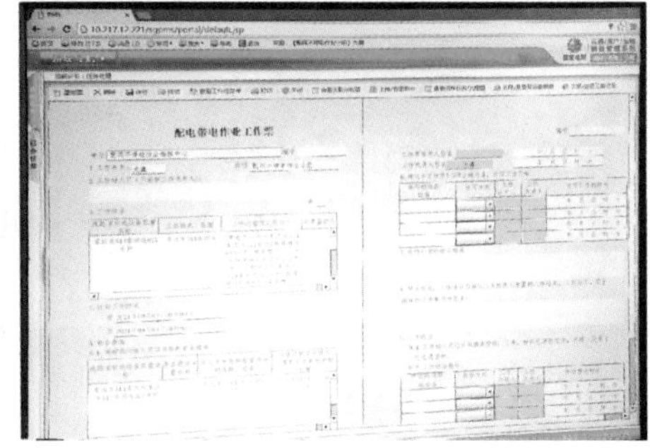

配电带电作业工作票

图 2–167　工作票录入

② 工作负责人将纸质资料进行归档保管，需归档资料如下：

A. 工作票，见图 2-168；

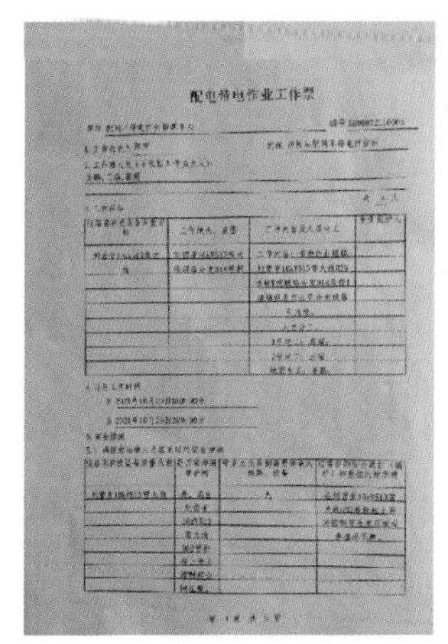

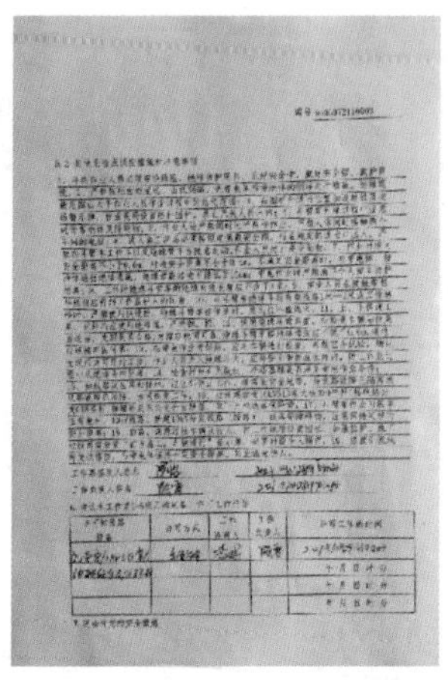

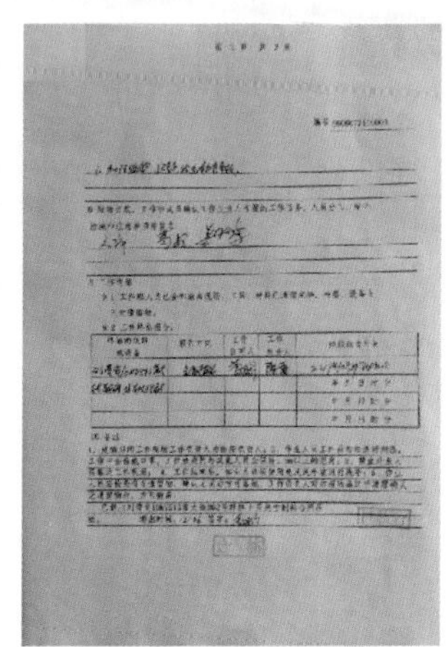

图 2-168　工作票

B. 现场勘察记录，见图 2-169；

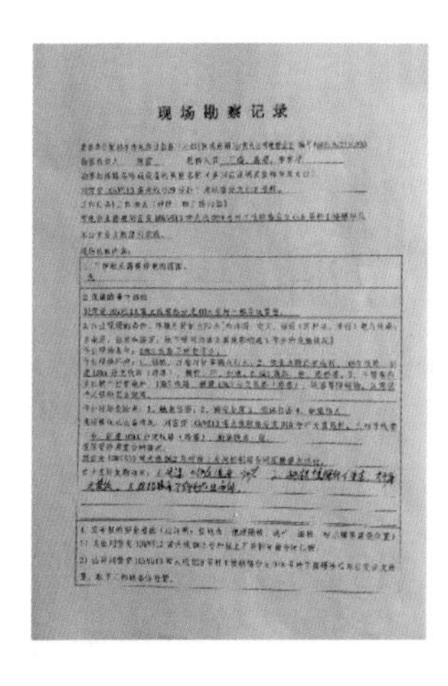

现场勘察记录

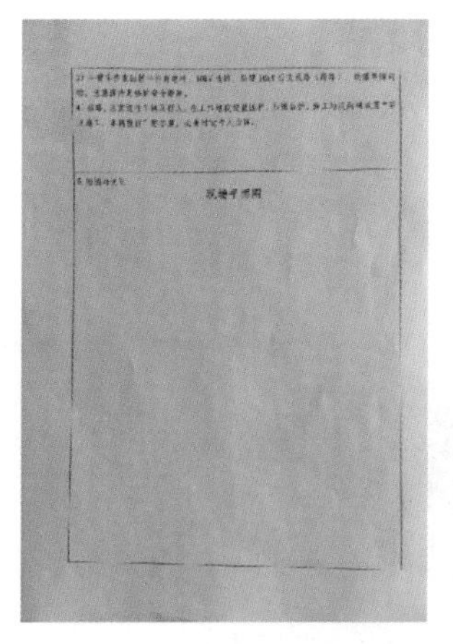

现场平面图

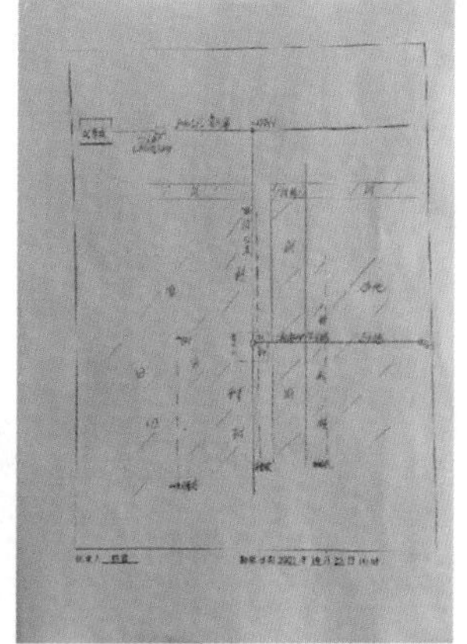

图 2-169　现场勘查记录

C. 作业指导书，见图 2-170。

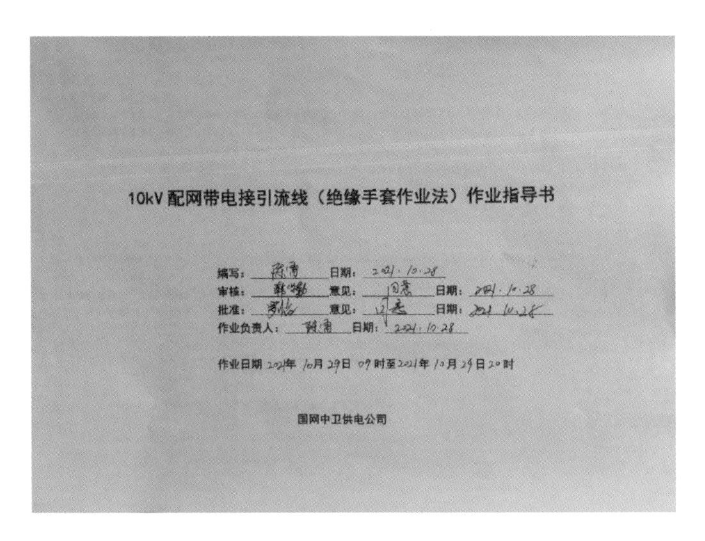

10kV 配网带电接引流线（绝缘手套作业法）作业指导书

编写：________ 日期：2021.10.28

审核：________ 意见：同意 日期：2021.10.28

批准：________ 意见：同意 日期：2021.10.28

作业负责人：________ 日期：2021.10.28

作业日期 2021年 10月 29日 09 时至2021年 10月 29日 20 时

国网中卫供电公司

图 2-170　作业指导书

（5）工器具入库。作业结束后，作业人员需将工器具归还入库，并办理入库手续，见图 2-171。

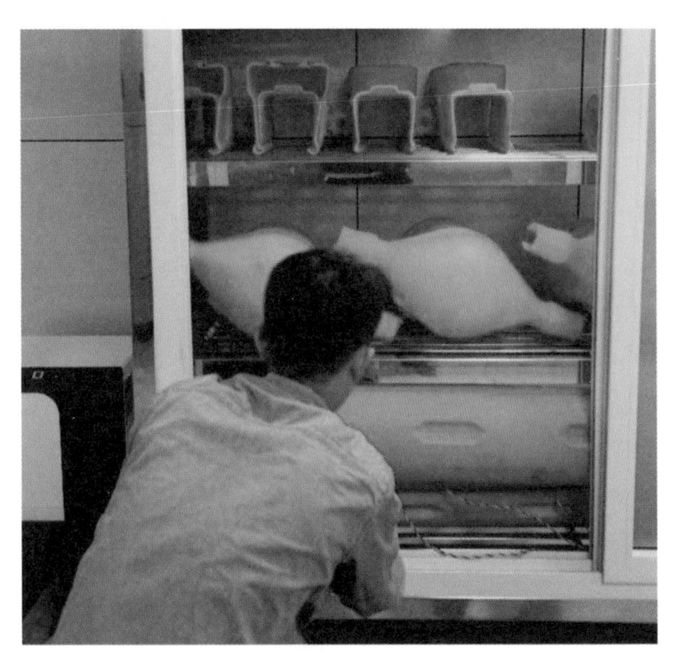

图 2-171　工器具入库